传统山水画中的古代建筑形态研究

席田鹿 著

中国建筑工业出版社

前言

纵观历史，由于中国文化和建筑材料的特殊性，中国古代建筑及与之相适应的建筑环境不断发生更迭、变化和改造，导致我们对古代建筑的认识和研究缺少实物和与之相应的环境的实证存在。而大量的中国古代传统山水画具有相当的写实性，完整地绘出了建筑形态及其与环境的关系，这成为我们研究古代建筑重要的文本资料，具有图像研究意义。

目的是通过一种图像视觉方式，重返历史现场，基于传统山水画中的建筑图像，研究古代建筑的形态及其和传统山水画相似的创作生成方式。用传统山水画的艺术视角，以传统山水画中的建筑图像为研究对象，分析传统山水画中建筑形态构成规律、方法及深层的文化意义。

研究分为三个核心层面：第一层面的目标是在传统山水画与建筑共同的文化美学思想背景下，探究传统山水画与建筑共同的精神诉求，研究其平行交替生成与演进的关系。中国古代建筑如同中国传统山水画是成熟的审美哲学的产物，在其共同的文化属性下，解读古代建筑的审美与周围环境及自然的关系。第二个层面是通过主体创作认知结构，通过画理、画论分析中国山水画与古代建筑在共同的文化内核下相似的创作方法，从图像视觉理论维度解析传统山水画与古代建筑共同的创作理念，进而研究古代建筑的创作方法。第三层面的研究是将传统山水画中的建筑形象作为研究文本，进行文献式的梳理，从图像视觉角度研究建筑的形态，探索古代建筑模件化构成，及当时的生活场景和生命模式，溯源中国人居环境文化，从建筑设计和营造人居环境等诸多方面进行拓展性研究。基于古代艺术认知理念研究建筑、人和自然环境的关系，以及其对应的设计逻辑顺序，研究在山水画文本下的和模件下的建筑形式和存在的状态。

以艺术学视角，对具有建筑形象的山水画进行收集和梳理，采用建筑艺术学、建筑历史学、建筑文化学等多学科融合的方法，运用图像学、模件理论、参数化等研究理论和工具，对古代建筑与传统山水画展开跨学科交叉式研究，通过对历代典型的具有建筑形象的传统山水画中的建筑，进行建筑类型和环境的分析，提出以图像视觉艺术认知途径，研究传统山水画美学概念下的中国古代建筑，以山水画为认知媒介引发思维范式的转换，寻找新的创新性研究方式，进而提出对古代建筑研究的新思路，为未来的古代建筑形态研究的发展提供了重要参考和理论基础。

清·袁江《骊山避暑图》

目录

第一章

传统山水画艺术视野下的建筑形态建构与演进图谱

一、哲学意蕴与建筑绘画精神的多元契合

二、山水画与建筑形态普遍性演化

三、唐代的中原大一统与宋代的模块系统化之交替性演进

四、明代的承前启后与清代的改革创新之特殊性演化

图 1.1　清・焦秉贞《山水楼阁》

一、哲学意蕴与建筑绘画精神的多元契合

（一）艺术精神的生命韵致

中华艺术自华夏文明开始一步步的演进，在不同时期产生了不同的艺术精品。这是人的自我意识不断觉醒，在创作过程中融入人的主体思想的一个历史性过程。在这一过程中，体现着中华艺术的有机生命韵致。其一，生命的发展是不断前进的，艺术作品也随着时代的发展被赋予新鲜的血液。其二，艺术创作遵循着生命之间的优胜劣汰法则，是一个新旧替换并交替演进的过程。

最原始审美意识的出现伴随着艺术精神的萌发。人类的审美活动从被动的模仿客观物象进化到了主体意识对客观物象进行梳理与再创造。这漫长过程是艺术精神的生命观念产生与传承的一个重要时期。生命韵致从基本层次来说是自然生命；从艺术起源来看是精神生命；上升到了精神生命观才随即产生了意境与神韵，才有了理性与感性融合的文人精神，才有了“气韵生动”这一最高艺术评价。

南齐谢赫在《古画品录》中提出“六法”，即“气韵生动、骨法用笔、应物象形、随类赋彩、经营位置、传移摹写”[①]。这代表着主体审美意识，也是艺术精神的一种觉醒。这个理论对于山水、书法创作的影响是不可低估的。如清代的苦瓜和尚石涛的作品。无论是绘画作品还是建筑作品，都从文化上体现出了有机的生命观念。

传统绘画中的生命态，中国的传统绘画崇尚“重气韵”、“求意境”、“尚情趣”的理念，这一讯息同时也蕴含在建筑发展的过程中。梁思成在他的著作中曾经表达过这样的理念，建筑与诗画之间是互相共通的，建筑者能够体验到一种特异的审美情趣，同时，在诗情画意之中还能感受到建筑美感的精神冲击。追求绘画艺术中生命态的过程，也就是寻找人的主体审美意识和精神再现的过程。

“形神兼备”是对好画的一种赞扬。从字面意义上来理解，形是指形状，

神是指精神。这两个理念将外在和内涵达到了辩证的统一。战国时期的《韩非子论画》中曾对“形”和“神”的概念有这样的论述分析：“客有为齐王画者齐王问曰：‘画孰最难者？’曰：‘犬、马最难。’‘孰最易者？’曰：‘鬼魅最易。’夫犬、马人所知也，旦暮罄于前，不可类之，故难。鬼魅无形者，不罄于前，故易之也。”[②]由此可见，创作作品时对内涵的描述，也就是对精神的诠释是十分重要的。“神”在一方面是表明艺术家的自我精神，在另一方面是指所绘对象的一种精神。石鲁先生的《中国近现代名家画集》中曾这样阐释：“精神性的容量却超过事件的再现性方式。强化了人作为世界的主宰，人可以能动地借助于自然把握自己、把握历史命运的时代意识。”[③]他认为“神”较之“形”更能称作为主体，这一思想不仅仅带来了人物画的发展，更是强化了人的主体意识的地位和表现方法。

追求神韵的过程便是探析“生命态”的过程。一幅优秀的作品无处不体现着生命的观念。首先，它是可动的，有灵性的；其次，它不会被流逝的岁月覆上尘埃，而是随着时代的发展，愈发历久弥新，被历史所铭记。同时，生命态在特定的环境下也指对宇宙的一种“有机生态观念”。例如，界画中所描绘的楼台、山水、花草便是在有机生态观上对生存环境的一种认识(图1.1)。无论诗词绘画中都体现着人们对自然生态的集体无意识的追求和向往，尽显“钟灵毓秀”的和谐生态观。

在文人画论中，蕴含着对生活的心灵追求以及对现实的诉说。如八大山人的《鸡雏图》，空荡荡无一物的背景之上，小鸡泛着古怪的神情，生动传神。以简单的形象传达深邃的内容，是创作者灵魂深处心灵的诉说，也是精神的物质延续和永存。

建筑的发展过程类似生物的新陈代谢，是一个有机的动态成长的过程。在时代发展中按照不同的背景进行衍生、更新和替换，是一个可以变化的、不断成长更新的生命体，在中华文化中不断孕育完善。

中国传统建筑可以看作是一种求生存的工具，它的存在并不求其永恒。究其原因，首先，它以木结构作为其主要建筑材料。木头是一种生命的象征，但它却会随着时间的流逝而腐坏，雄伟的建筑群落终难被后世人享受参观；

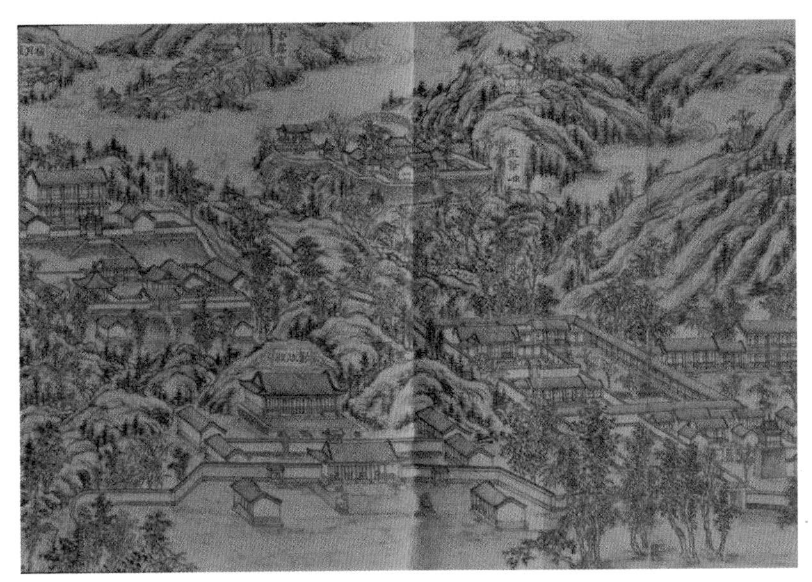

图 1.2　清·张若澄《静宜园二十八景图》局部

其次，在中国人的传统观念中，房屋以及建筑是被人们使用和享受的，它作为一个特殊的生命存在于人类的活动中。房屋建筑会随着屋主人的盛衰而不断发生变化，也会随着一个朝代的更替而不断产生改变。这是一个民族文化价值感的体现所在。从这一层面来说，建筑既是有生命态的同时又需要新陈代谢。

建筑的生命生态观体现在生态系统的环境之中，在一个自然环境与人工环境环环相扣、相互制约的结构体系下，如何才能达到一个良性的循环是衡量建筑好坏的一个基本标准。好的建筑可以促进生态环境的循环，使建筑完全融合在主体环境之中（图 1.2）。生命的重要性在中国人的眼里远远比永恒的价值要更高一些，建筑除了在所用材料和表达的意义上追求生命观念以外，造型的生命感同样重要。例如“翼角起翘”就是一种气韵生动的表现。直线与曲线结合十分富有生气。

（二）务实经验的还原主义

1. 物象化的情感诉求

创作者在进行艺术创作的时候，往往离不开两种表达手法。其一，作品表现手法极为写实，传达的是一个景象、故事或者一个历史事件等等，为人们所广泛传播和了解之用，这便是出于中国人的务实主义；其二，创作过程离不开情感因素，书画是艺术家们通过对生活的正确观察和理解后，引发的一种对自我精神的感悟和沉思，再利用笔墨这一恰当的艺术手法表达出来的一个作品。无疑是一种精神产品，是艺术家们的审美情感和思想感受表达出来的一种方式。这时，意向化的情感诉求的意义便要远远大于单纯的描摹物象本身了。这更是中华文化务实主义的一种高级体现。将一切作品还原后，还有精神为之支撑。

中国传统艺术产生这种务实主义的根源要从民族文化说起，现世主义的中国人，较少受到宗教的影响，更多的是追求现世的美满和完整。所以，无论是绘画还是建筑，都是为人所服务的，那就离不开实用功能和务实主义。就绘画艺术来说，从现实功用上来看，描绘的往往是一些山水、花鸟、风俗场景、人物历史故事等。起到传达思想和美化环境、烘托主人地位的作用。从精神上的功用来看，更多的是反映艺术家的精神状态和情感写照。如画家八大山人、石溪等。在某一个特定的民族时代背景下，他们利用笔墨传达对现实社会的愤恨和对国家破败的郁结之气。八大山人的作品常表现一些怒目鸟、白眼鱼，反映一种苦痛的心境。石溪的作品苍浑老辣，总是透着愤愤不平之气。如图便是以不同例证说明绘画所起到的几种主要功效。

明代画家徐渭的画作《葡萄图》，此画意气挥洒，尽显壮志难酬之无奈。在这一过程中，艺术家所描绘的物象不必写实和诚实，但是所表现的情感必须是真诚具体的。由此可见，中国人进行艺术创作的出发点是务实、实用，一切外部条件都会随着本能需要而改变。所以，有古人言："情以景幽，单情则露；景以情妍，独景则滞。今人景少情多，当是写及月露，虑鲜真意。"[④]（沈雄《古今词话・词品》）

图 1.3　清·宫廷画师《绢本彩绘圆明园四十景》

2. 表象与内在的融通

由于中国人的务实主义所产生的关于建筑构造表象与内在实用性的探讨层出不穷。自古以来，中国人在进行物体创作时，常会用最朴实和耐用的原料加上最复杂美妙的装饰共同构成（图 1.3）。例如，绣花枕头便是如此，不在意内部糠皮，只重视外部绣花的美丽。又例如建筑，最奢华的宫殿结构也不外乎如此。在建造之初，用夯土、砖石、木头进行搭造，不在乎木头的品质和精细度。砖可以在建成之后抹灰，木材可以上漆加彩，所以材质先前的纹理和美观便不是十分的重要。如中国人发明合成木材便是务实精神下缔造的产物。在建筑的构造上，为了方便，榫卯之间也无需精准，而是用楔子收紧。这样的结构反而使建筑灵活性加大，从而更加稳固灵活。夹纻佛像的产生也是表象和内在极不统一的一个产物。用胎加麻做底，轻薄方便，表面施以隆重的墨彩。最终效果富丽精致，受万人膜拜。

引自上海远东出版社《圆明园四十景》原件再造，在建筑园林关系上也体现了中国人的这一处事原则。建筑和园林规划并不是完美结合在一起，而是由规矩有序的室内建筑和随意自然的园林相互分离构成的，尽现中国人外儒内道的观念。外部的礼数与内心的随性恰当地互相通融，不做无谓的修饰。

在装饰上也是如此，建筑能够展现在人们面前的、中心地位的装饰精度往往大于后面的、附属位置的精美度。在人们看得到的地方，繁华富丽，在人们不会涉足的地方，朴实无华。这是极端实用主义的一种做法，是中国人务实观的重要体现。

（三）“形象秩序”与“符号化”组织法则

1. 人文内涵的艺术表现形式

古代中国画与建筑在一定意义上是民族意识的一种表现形式，并不仅仅受物质的影响，更多的是一种精神传递。所以，不同时代民族、不同文化土壤能够孕育出不同的艺术表现手法。受中国传统文化的影响，文化载体普遍表现出一种宁静致远、中庸和谐的大氛围。终极的目的无不是个人情感在载体上的一种恰当表达，当创作者将这种思想与情感寄托在具体事物上时，便升华为一种共通的潜在化意识了。

首先，在绘画中，最能传达出人文内涵的便是中国画。它对意境的表现与追求是直接且生动的。中国山水画与园林的建造有一定共性，他们都是以“写意”来唤起接受者的情感共鸣。如南宋山水画家马远，他被称为“马一角”，因为他的作品中常常出现半片的山、残缺的树木等。画面产生更加广袤的空间感是由画面上的留白和空白体现出来的，这是意境的表达方式，更是中国人的哲学观念。在园林中的运用，也是将“借景”应用于比较狭小的空间，用无尽的创造力和想象力来打造无限的空间，诠释了“外师造化、中得心源”的真谛。

虚实关系能够表达出画面的主次关系，疏密结构能够传达出画面的主题性。在中国传统绘画观念中有“水为虚、空白以代水”这一说法，而园林设计中也有以水为虚的理念。宋人韩拙在《山水论全集》中有“惟溪水者，山水中多用之，宜画盘曲掩映，断续优而复见，以远至近，仍宜烟霞锁隐为佳”的论述，佐证了这一理念。

除此之外，艺术表现的内涵还体现在线条上，例如白描。中国人喜爱随意、自然的流动感，后人描绘吴道子为“有笔而无量”，重线而不重色。在建筑中，这种灵动的美也是一大特色，最能体现在屋檐的处理手法上，“檐角起翘”这一轻盈优美的造型极具灵性，柔化了规矩的建筑形态。使建筑刚柔并济、意理相通。

2. 不同艺术表现形式的叠加与耦合

中国园林表现自然的态度，不是刻意模仿自然的景物。如《长物志》所述“画，山水第一，竹、树、兰、石次之，人物、鸟兽、楼殿、屋木小者次之，大者又次之。人物顾盼语言，花、果迎风带露，鸟兽虫鱼，精神逼真，山水林泉，清闲幽旷，……若人物如尸如塑，花果类粉捏雕刻，虫鱼鸟兽，但取皮毛，山水林泉，布置迫塞，楼殿模糊错杂，桥彴强作断形，径无夷险，路无出入，石止一面，树少四枝，或高大不衬，或远近不分，或浓淡失宜，点染无法，或山脚无水面，水源无来历，虽有名款，定是俗笔，为后人填写。至于临摹赝手，落墨设色，自然不古，不难辨也。”⑤ 以局部代全体这一态度的体现，以少总多的象征手法，一勺代水最为详尽。在园林的创作过程中吸收了大量山水画中的表达手法。例如用具象、抽象的木石、水体布景，颜色也是重墨不重彩。青山秀水、略施淡彩，更注重艺术的清淡雅致。以江南一带最为典型，无论是寄畅园，还是拙政园，景物观看起来都与墨分五彩的山水画是一致的，体现了宁静的美。所以人们常说中国的古典园林是无声的诗、立体的画。

人文思想之所以出现在建筑上，还因为大批文人画家开始参与建造活动，以诗画为参照来打造所描绘的意境；或诗画以建筑作为描述的参照，如《阿房宫赋》、《岳阳楼记》等。无论是建筑还是诗词绘画都作为经典流传至今，典型代表是唐代诗画家王维。他创作了《辋川图》，辋川建筑依地势而建，与环境和谐共生，是他心中理想的表现。同时，王维又亲自参与建造了辋川别业，作为自己终生的一个寄托所在。“采菊东篱下，悠然见南山”等诗词也同时是对画论和建筑的指导。可见，无论是山水画，还是建筑都是人文内涵的一种特殊艺术表现形式。

二、山水画与建筑形态普遍性演化

（一）中国文化的集大成风范

1. 博采众家之长的会通精神

中国的文化历史悠久，在漫长的发展过程中，受到儒、墨、道、法、禅等不同哲学流派的影响。而每一个文化在其长期的发展延续过程中，都体现着极强的包容性，最终形成以各民族的文化交融为基础的底蕴丰富的中国文化。如汉唐、元清等时期，统治者以政策、技术、生产力为导向，在发展的过程中逐渐促进少数民族文化与汉文化的融合，达到大一统文化融合的结果。在民族融合的同时，还包含了不同国家间的包容。例如汉武帝派张骞出使西域，由此带来了异国文化。可见，文化的包容性既是求同存异，同时也是兼收并蓄，取其精华、去其糟粕。这是中国文化长期屹立于世界文化之林的一个重要因素。

在思想上对绘画和建筑影响最大的要属儒家和道家。儒家思想从内在上指导着绘画的发展，绘画体现了“成教化、助人伦”的作用。文人志士在学习生活中接受并传达着儒家思想，画家们备受儒家思想的教育。所以在创作中，无意识地传达了其思想。在山水画布局的主次上、山水位置的排列上都体现了现实社会的等级秩序。中国画也由于受到“中和”思想影响而呈现出平静、和谐的大氛围，促成了中国画论的“静心论”。儒家思想还影响了中国画的意象造型，调和了“意”和“象”之间的关系。

图 1.4　清・石涛《陶渊明诗意图册之八》

道家思想对中国画的影响可谓最深。首先，道家的玄素观与水墨完美契合。中国画抒情写意，追求空灵之境。老子是首先提出虚、静之说的人。宗炳的《画山水序》首将老庄的思想贯彻到画论之中，它是中国山水画论的开山之作。使得绘画摆脱一味地写实，求似与不似之间，以意境为主。画面布局上讲究的留白，都是老子“象外之趣”的具体体现。如王维的《袁安卧雪图》，其中景色不同时，四季不同存，却共入一画，便是此理。

总而言之，道家尚朴素，追求自然的思想对中国画起了积极的指导作用。“道”中讲求“柔”，指导了中国画用笔“一波三折”、“行云流水”之技。画面的黑白手法、阴阳、虚实与道家的对立统一观念相互作用，共同营造和谐之美（图 1.4）。

2. 多元聚合的体现

儒家文化强调规矩、礼制、中和。其在建筑上的体现就是设计形式注重中轴对称均衡的格局，坐北朝南的方向，等级秩序严格及端庄肃穆的情感。其不可逾越的规矩、秩序即是儒家社会心理学和伦理学的体现。儒家的天人合一观念产生了祭祀天、地的建筑，产生了阴阳有序的环境观。

道家追求崇尚自然，顺应自然，强调无为，注重生命自然存在的状态。这主要影响了中国园林的自然式发展模式。在绘画和建筑上都侧重于认知自然规律、探究人与自然的关系。所以，古代园林家在设计园林时追求“虽由人作、宛若天开”之感，将人工美与自然美完美结合。由于道家思想并不主张完全避世，所以道教的宗教建筑同一般建筑也并无太多的不同。同时，道家强调“以虚为大”的哲学观念。虚为大，实次之。虚在中，而实在四周。如“正则静、静则明、明则虚”对建筑的影响也非常深远。它把建筑看作是虚的空间，如建筑立面、屋顶为上，墙在周围，中间的主体为窗。道家的对立统一矛盾观强调，“一阴一阳之谓道”，“凡物必有合，……有合各有阴阳”，“万物莫不有对”也影响了建筑的发展。通过院落空间之间的对比，大小和主次位置烘托了皇权至上。园林中步移景异，景物以小衬大等等，都是对立统一的体现，注重意境的表达。

佛教满足了中国人对于来世的一种精神寄托，它不同于儒道思想，是立足于现世的，所以得以发展壮大。佛教在中国化的过程中与本土文化相互融合，互相吸收养分，形成了典型的中国化的佛教建筑。例如石窟、寺庙、佛塔等。寺庙的院落布局便是典型的文化融合后的产物。佛家强调空无的现世观和避世哲学，认为一切皆虚幻。宗教建筑也反映了无我氛围，追求的本质相似，所以恰好完美共存。佛家的生死轮回观念也与中国陵墓设计思维相契合、互为影响。

除了文化多元素的融合外，人们内心的需求也不可忽视。建筑在不断发展的过程中，潜移默化地影响了我们的生活方式和生活水平，是物质文化和精神文化的载体。同时，人们作为主体，也在不断按照自己需求来改造建筑，不断完善我们的生存空间。

（二）规矩与礼制形态的规则化

1. 主体的限制与匹配

中国是一个封建的君主专制的国度，建立在多元文化之上的建筑思想，贯穿始终且不得不详述的一个特征便是理性主义下严格的封建等级秩序。长期的封建统治模式已经使得传统礼制观念深植在人们心理之中，在长期的实践之中，使得强制性规范变为人们内心的一种心理需求。由此形成了规范的纲常礼教秩序。建筑的深层心理需求也是与儒家礼制相关联的。同时，由于儒学文化过于束缚和限制，在压力之下，艺术难以自由的发展，因此，此时道家学说作为对立面的补充而使得艺术创作在一定意义上得到了解放，相辅相成共同为中国文化发展提供源泉。那么，等级限制究竟是如何体现的呢？一方面来说，宫城、都城的形式和形态，陵墓与住宅民居的等级要求，建筑相关设施配置的标准化要求，无处不体现出建筑和礼制之间的密切联系。建筑的制度在某种程度上是服务于政治和国家统治的一个手段，是在所属的社会传统观念下随之衍生的附属产物。

自奴隶制时期起，建筑便由于主人地位的不同出现了不同的级别。特别

图 1.5　唐・李思训《京畿瑞雪图纨扇轴》

到了礼制至上的周代，无论是生活设施还是建筑，它的尺寸、材质、色彩等都是为统治阶级设定的。绘画作为精神的产物也同样不免此运，如汉代绘画意在褒扬明君、记载功德和宣传礼教。到了唐代，思想开始向世俗化有所转变，关注转向了对建筑群的规模和配比（图 1.5）。明代起，世俗化加剧，传统的皇族图案渐渐失去了威严，人们更加关注物体的审美价值。清代建筑等级制度是在明代基础之上发展定型的。如故宫宫殿建筑的规划，它位于北京的中心地段，由宫城、内城、外城构成，又分前朝后殿、左祖右社、五门三朝的布局。等级森严，不可逾越。故宫规模体现了“儒家”的尚大精神，从整体与局部的关系上体现了和谐的思想。最主要它是围绕皇权至上展开的。

《礼记》中“有以高为贵者。天子之堂九尺，诸侯七尺，大夫五尺、士三尺。天子诸侯一门。此以高为贵也”[6] 的规定。规定范围的同时又规定了所用装饰的精细程度和题材等。例如，典型民居四合院分为不同规模，有单一式、复合式，设有院落、游廊等，整齐划一，关起门来，自成一方。这种布局设

图1.6　清・袁江《竹苞松茂图之十一》局部

计便满足了中国人的居住观和生活习惯（图 1.6）。同时，礼制也十分重要，长幼尊卑、等级分明。按中为上、侧为下、后为上、前为下、左为上、右为下的顺序分级别设置房屋院落的配置。装饰、陈设也需合乎情理。可见在封建中国的礼制社会中，伦理规矩和秩序成了建筑设计所崇尚的理念。反过来，它又使得礼制化得以强化，并影响至今。

在主体的限制与匹配上，除了受到社会等级制度要求以外，也受到万物阴阳有序观念的影响。体现在建筑上，表现为对建筑等级规模、形式布局、尺寸的界定。在山水画中均有体现。在传统布局模式上，建筑的方位存在主从关系。战国以前，王侯将相的墓葬以及一些庙宇皆以东方日出方向为轴线方向。明以前的祖庙牌位也是坐西向东。《考工记》详述了西周的城邑制度，“王宫门阿之制五雉，宫隅之制七雉，城隅之制九雉。经涂九轨，环涂七轨，野涂五轨。门阿之制，以为都城之制。宫隅之制，以为诸侯之城制。环涂以为诸侯经涂，野涂以为都经涂。”⑦ 自从五行观念与色彩产生了对位关系后，色彩也产生了限制与等级。它与建筑装饰共同发展，如屋檐装饰、瓦当装饰、陈设家具等，历朝历代皆有繁杂的明文要求。综上所述，凡此种种无不受到封建礼制的约束。

2. 物质化的“功利”蜕变

所有围绕人类社会产生的种种绘画和建筑艺术体系，归根结底无不是为了人们生存发展的需要，为了维护统治阶级的利益而存在的，是“功利”的

图 1.7　明 · 仇英《汉宫春晓图》局部

一种物质化的蜕变。在创造艺术之前，首要的是为了满足自身。

从宏观角度来看，建筑首先是一种为人们建立起保护和安定感的生存手段。它在避免我们受到自然灾害的同时，也给予我们一个精神栖息的地方。例如天坛、德胜门的产生，是为人们祭拜提供一个场所，为人们精神提供一份寄托。正如《华夏意匠》所说：建筑是构成文化的一个重要的部分，甚至有人这样强调，"建筑是人类文化的结晶"。⑧ 言下之意，建筑物必然也是这个时代审美文化与科技共同营造的结晶。由封建制度影响所产生的种种限制，也是人们的功利意识所导致的。人们追求伦理道德，在传统思维中，极力地受制于正统社会的价值导向。

从微观角度来看，建筑也与人们祈福避祸的风水观念息息相关。细部装饰、木雕、砖雕、石雕等吉祥图案的大量运用满足了人们的心理需求。同时，题材的等级也是人们彰显自我社会地位的一个重要手段。对于细部构件数量的运用，符合传统思想和礼制的要求。以单为阳，偶为阴。"九"作为最尊贵的级别为皇帝所使用，"九"开间大殿最为典型。

此时的思想和制度自然也会对绘画产生影响。如康熙要求画师绘制《南巡图》，从命题到内容表现都是由统治阶级所控制。当时画家绘制画作用来敬奉皇家，如《汉宫春晓图》（图 1.7）、焦秉贞的《耕织图》都是在等级制度下产生的。这种作品个体创作活动受到了限制，少有创新，自然也遭到了不少孤傲、清高的文人志士的反对，他们反其道而行之，出现如八大山人、石涛等，用偏激的画作来反对思想的控制和对国家的不满之情，不为环境所

屈服。以上种种都是将人们的功利需求进行艺术的美化和加工后，从而更好地为人们服务。

（三）建筑形态的空间营造

1. 序列制度下的人伦法则——棒棒文化

中国人的观念中，对于柱体的使用和热爱是十分深厚的，中国人的筷子是一种民族文化，它象征着积极向上的生命观。在建筑中，木构造的主体支撑和细节结构都是由一个个木头柱体构成的。大到柱子，小到窗格装饰，与西方都有很大的不同。繁密的直棂窗也是柱体这一简单元素重复而成。一方面，是由木头这一材料的特性决定的；另一方面，也象征中国人刚正、坚定的民

单纯的文化	棒棒文化	轴线文化	平面文化	正负空间观	方圆与单双
以人为中心而进行设想，常以五行八卦这种简单抽象的观念来看人	中国人的棒棒文化，决定了建筑的最早结构系统——梁柱。擅长单一线条组合的结构，采用直线构架观念为基本空间单元	观念里形成一条主轴线，建筑如人体一样总是对称的，并无实际功用，但却传达出中心地位	在棒棒的支配下，水平延展，是中国文化的另一个向度。先有造型，再有内部功能	中国人重视阴阳的观念，讲求匀称。与简单的轴线方法和正负空间观相结合打造奇特空间。因地制宜进行建筑园林规划	天圆地方的观念是比较常用的空间形式。单与双常被用在与主轴相配的单数开间等

图1.8　空间序列制度归纳

族精神。用简单的元素组合打造复杂的空间，符合中国人聪慧，但又行事直接的思维方式。

以木为“骨”，像肢体一样，木框架撑起屋顶的重量。在木构架基础之上，发明了榫卯结构。这一横一竖打造了最基本的空间单元，先有结构，后自然加设空间，从而建造成规模巨大的建筑群组。再复杂的绘画也是一笔一画绘制而成，再复杂的建筑也都是一横一竖的木结构搭建起来的（图 1.8）。

2. 序列制度下的人伦法则——轴线文化

中国古代建筑的布局以轴线最为常见，它使得建筑有了秩序，主要是受“周礼”文化的影响。轴线是生命的象征，它的存在并不是一条真正的线，而是一种抽象的概念，它引导着宇宙万物的存在方式，轴线成为神秘的能够组织空间排列秩序关系的力量。中心轴线是万物之始，有着举足轻重的地位。中国人崇尚“中”字，“中和”、“中庸”都是指向中国人对方位的认知。然而，中国的古典建筑难免随着时代进步而产生一些改变，但是建筑无论怎样发展，都是顽强地坚持着传统形制。如李允鉌所说，“当城市逐渐发展沿街建筑物，建筑群的布局失去了往纵深发展的条件之后，中轴线就没有了它的重要性，以方位作平面布置定位的准则也随之发生了一些改变。不过，我们可以看到，中国的城市规划在极力地满足房屋布局上的这个要求，住宅区的街道大部分是东西向的，即使在南北向的街道中，房屋也是与街道垂直布局，只是入口改变了朝向而已。”⑨

“中庸”观念体现在建筑主要是平面对称布局，以南北中轴为主线，严格遵循儒家礼制思想。这种观念常常运用在古代中国绘画之中，用来安排构图，产生秩序美和对称美。由轴线控制的建筑整体风格严谨庄重，而又有秩序。轴线的存在是由建筑物的位置关系决定的，往往用来界定地位与等级，而不是规划道路，追求道路的通达性。所以，在故宫的规划中可见，主道路遇到大殿并不穿堂而入，而是左右绕之，道路并不是影响中轴的一个因素。

在中国传统思想中，北为阴，南为阳，南北贯通方为上。所以无论是城市规划、皇宫建筑，还是民居建筑都是以“轴”作为主要规划原则。其中，北京、西安、洛阳古都都以中轴线为主要布局方式。典型的轴线建筑是故宫，它象征着皇权的尊贵和庄严。雄伟的建筑群以一条南北中轴线展开，左右对称之中有均衡对比，是建筑史上最长的一条轴线。这种模式加强了建筑恢宏的气势，令人震撼。皇家建筑的模式多以南北轴线为主，两侧对称均匀，形成整齐、规则的秩序感。在界画中，也常出现轴线布局、环形布局等有严格等级规则的制式。

3. 序列制度下的人伦法则——正负空间观

中国哲学盛行阴阳学说，例如太极的形状，一黑一白，互为正负形，象征中国人的阴阳观念。这种观念与五行搭配在一起，指导着人的为人行事准则。艺术也不例外，阴阳象征着两种相对的概念，如正负观念。《易经》中说："一阴一阳之谓道。"[10]二者互为对立统一。体现在建筑中，如宫城分为外朝和内廷，住宅分为屋檐和院落等。

正负空间观在某种意义上是指虚与实的对比，虚实形体的表现。"虚"指的是舒朗、静谧，"实"指的是繁密、喧嚣，是美学的核心概念之一。典型的园林组景便是一种正负空间的手法。如"桃花源记"的从口入，初级狭，到豁然开朗。这一虚与实的转变给人们带来强烈的心理感受，使得在园林中可以运用正负对比在小的范围内创造多变丰富的空间。体现在绘画中，受道家"虚无"的影响，主体为"正"，空白为"负"，正负相互作用，相互依托，更好地诠释了意境，表达了情感。

三、唐代的中原大一统与宋代的模块系统化之交替性演进

（一）时代背景影响下的宏伟与隽秀

1. 唐代

（1）风格气魄宏伟，兼收并蓄

唐代是我国发展的繁盛时期，因为强势的国力和多元的民族文化，民族

图 1.9　传唐 · 李昭道《洛阳楼阁》

自信心在此时空前高涨，所以建筑规模宏大、严密整齐、庄重大方、华美舒展，极具活力（图 1.9）。唐代的建筑是在两汉以来建筑模式的基础上吸收了多元文化发展而来，达到了成熟完美。通过绘画和史料得知，我们可见唐代建筑曲线完美恰当，具有舒展平远的屋顶，配有精美的悬鱼，收山很深的歇山顶，硕大的斗栱、深远的出檐，以及用不同颜色的瓦件“剪边”的屋脊、朴实无华的门窗、素雅明快的外墙粉饰等等。唐代建筑注重局部细节的同时又着眼于整体，规模宏大壮阔，雄视前朝，这些特征很难在宋、元、明、清的建筑上找到。

艺术到了唐代，不再受实用功利性的束缚，完成了向审美转变的改革。

图 1.10　晋 · 顾恺之《女史箴图》

唐朝释道、儒并行发展，以儒家政治伦理观为基准、佛道学说兼收并蓄的统治思想体系为文化的发展奠定了社会基础。经济的繁荣，社会制度和思想的开放，致使人们生活奢华富足，社会充满富贵气息出现了《女史箴图》（图 1.10）、《步辇图》、《虢国夫人游春图》等。

唐代书画家李思训绘制的《江帆楼阁图》（图 1.11），用墨线描绘了山石的轮廓、姿态葱郁的树木、还刻画了精美整齐的屋宇，反映出了唐代屋顶的风格形式。

唐代社会安定统一、生产力高度发展、经济繁荣、商业发展，并出现新的工艺技法，这些都为绘画的发展提供了良好的条件。唐代人物画盛行，并且从宗教美术演变为世俗美术。唐代文化还有一个显著特征便是诗画同源。诗人同时又是画家，他们领悟生活，描绘生活，如柳宗元的《冬雪》。唐代诗人、画家王维的《辋川图》，都是文人参与园林建筑的典型，在写实之上追求写意，树木掩映，群山环抱，亭台楼榭，古朴端庄。这无疑是艺术家把自己的情感寄托于生活环境中达成的。后有明代文徵明绘制《辋川别业图》，更加全面地描绘了建筑与自然环境间起承转合的关系。

（2）布局严整规范

唐代都城主要为长安城和洛阳城，这一时期的建筑和城市布局规划无不体现着当时人们流行于世的审美倾向。布局规范合理、严密整齐、气势磅礴。建筑群次序分明，方正有致。

长安城是在隋代都城的基础上规划扩充而建的，是我国古代都城中布局规划最为严整的城市。诗人白居易曾感叹道“千百家似围棋书”，便是对长安城街坊规划的生动概述。长安城的规划总特点如下：一、长安城由于街区的位置关系，使它形成了横向比纵向稍大的长方形，其内的宫城也和长安城形制相吻合；二、长安城街道有着严格的对位关系，均为东西向或南北向，端正阔达。街道坊巷整齐划一、秩序井然；三、受隋朝影响，宫城布局是“三朝”结合“两宫”，皇宫的平面布局延伸由“一路”、“二路”逐渐发展成为“三路”甚至“多路”，明德门向北的主道为贯穿全城的一条中轴线，这条轴线也是城市史上最长的一条城市轴线；四、郭城类似皇城，也为横向三条主街道，各自通往城门方向，皇城和郭城共同构成井然有序的画面，城墙高低有序、布局疏密有致；五、建筑一般成方形，并配有前后殿及厢房，各殿之间设置

图 1.11　传唐・李思训《江帆楼阁图》

长廊，并有园林与之附和，这种严整有序的格局体现了帝王的权威；六、唐代有一种独特的形制，以“含元殿”为例，作为大明宫的“门”，一如清宫的午门，但是受地形影响，而变为“殿”，殿前设有很长的阶梯——“龙尾道”，产生了“台门”，达到了极其震撼的气势。

（3）建筑文化多元化

唐代社会开放，经济发达，民族自信心空前的高涨，中外文化的交流和社会人民意识的解放，共同构成了大气舒展、精妙富丽的时代特征。唐朝大量吸收外来文化，构成移民规模最大、人数最多、民族最杂的一个社会。这使得当时的文学、艺术、宗教比前之魏晋、后之宋明更加朝气蓬勃。社会环境的开放也反映出文人阶层学术风气的自由开放，其中园林建筑影响颇深。唐代文化既有外传又有吸纳，兼收并蓄，广泛传播，其艺术表现与文化背景相适应，各个风格的绘画也是百家齐鸣。同时，唐朝信奉道教为国教，佛教大肆发展，伊斯兰教、景教和祆教也随着不同国家的交流相继引入中国，使得佛寺和佛塔等宗教建筑空前繁盛，更加融合了中国文化的传统特征。寺塔建筑的形制更加辉煌、热情、温和与平易，最著名的要数莫高窟建筑及其内部的精美壁画，其涵盖的信息量之大是我们研究唐代文化不可多得的一个资料。

第一，唐代佛寺主要集中在长安和洛阳，长安城里有佛寺 90 多座，有的可以尽占一坊之地，但两都佛寺没有一座得以流传保存于世。

第二，唐代有两座著名的木结构建筑的佛寺，即佛光寺大殿和南禅寺大殿至今尚存。同时，在边塞的敦煌地区，由于临界西域，所以建筑还具有一定的西域风格。在城市建筑中，顺应了就地取材，出现了花砖城墙、城门等，突出了唐朝的富丽繁荣。

2. 宋代

（1）风格稳而单纯，清淡高雅

宋代社会手工业、商业、科技进一步发展，社会空前繁荣，文化活动活跃，绘画大量出现在各个阶层中。同时又由于建筑家、工匠、工程师建造技术水平提升，有了新的发展。宋代社会崇文抑武，文人士大夫的政治热情和责任感高涨，此时的理学主义为社会主流思想。儒学、佛教、道教三者融合，更加重视内心道德的培养，所以审美也随之发生很大改变。宋代社会无论是建筑、绘画、手工艺还是诗词歌赋，都追求高雅的品质和情趣。建筑一改唐代大气雄浑的风格，偏向纤巧隽秀，装饰繁丽。

我国古代宋词中留下过无数描绘汴京繁华兴盛的词句，通过《清明上河图》也反映出宋代工商业的发达和市民们的生活状态。发达的社会为文学、绘画、建筑的发展提供了养料。宋代是中国文学从“雅”到“俗”的一个转变时期，高雅文学开始步入市井之中，演变为人们日常生活喜闻乐道的另一种形式。

宋代风格与前朝最大的不同主要体现在气质上。宋代绘画追求意境与写实主义，所以此时的界画十分发达与盛行，社会处处透露出清淡高雅的生活气息。建筑摒弃了以往唐朝的雄伟壮丽，反而秀丽纤巧，极具灵性，重视装饰艺术。宋代从建筑群组到个体形象无不透露出清雅柔逸之美，尤其是建筑屋顶的形态，设计有起翘的美感，突出了宋代柔美秀逸的风格。更为典型的秀美要数园林建筑，自然美与人工美完美结合，与宋代的绘画、雕塑有异曲同工之妙。

（2）布局随意自然

在形制上，宋代建筑的规模一般比唐朝要小，与此同时，具有代表性的宋代建筑要数形制复杂的楼台殿阁式建筑，如殿堂、佛寺和陵墓建筑等等，这些建筑都在尺度上有所缩小（图 1.12）。列举一个典型的宋代寺院建筑——河北正定隆兴寺，整个寺院向纵深方向展开，殿宇布局此起彼伏，院落的空间宽窄有序。佛香阁与周围的转轮藏、慈氏阁所形成的空间实为整个建筑的点睛之笔。梁思成曾经对此布局有极高的称赞，他认为宋画中的建筑能给人一种不可言喻的心理感受，特别是对其布局的宏观把握上，层层叠叠，是以往朝代的建筑无法体会到的。

在《清明上河图》上我们可以看到，宋代建筑规划方式由坊巷制取代了里坊制。中国自古以来的城市规划和街道布局，不仅仅是国家由上而下的宏观调控所决定的，更多的是长期以来人们的生活习惯和发展程度不断演化形成的。由于宋徽宗崇尚写实主义，所以宋代“界画”流行，画家们开始利用界尺等工具绘制极具真实感和现实感的建筑场景、园林场景、人物故事等，包括皇城、宫苑、民居等。以张择端的《清明上河图》为代表(图 1.13)，显示出绘画忠实于客观实体的写实意味。

宋朝街道的界面也作为街坊的外部边界。街坊布局规划随意，完全打破了“坊”、“市”的界定。我们所提到的街坊的概念，往往涵盖了我国古代一种被用作为街区单位的“坊”和城市中集中的市肆空间。在街坊之中，巷弄划分了不同街区，并有民居住宅空间错落其中，井然有序。宋代街道的界面上，民居空间主要有两种形式：一种是需要通过大门和封闭院落进入；还有一种是直接临街开放，作为商业店铺的空间。商业活动不再受指定区域的

图1.12　宋·佚名《醴泉清暑图》局部

图 1.13　北宋·张择端《清明上河图》

限制，而是临街设店。商业的繁荣也推进了社会的进步，宋代不再实施夜禁制度，这使得人们生活更加自由开放，繁荣多彩。在一定程度上也代表了人的意识的苏醒和进步，是宋代社会文化走向平民化、世俗化的一个标志。

（3）注重意境的园林

中国人崇尚园林文化，一部园林的发展史，可以说是社会、朝代的文化演进史。秦汉园林主要模仿了仙境或再现了神话传说；到了魏晋南北朝时期，人们崇尚自然式的山水园林，崇尚模仿真山真水，开始使用假山造景来营造自然般的空间体验。它们的产生是基于当时的哲学思想和政治制度影响之下的，与审美意境共通。绘画先于园林形成了完整的理论框架，后又作为造园指导用于创作实践。到了唐宋时期，人们从山水中找出了规律，并且归纳提炼。此时的园林设计并不拘泥于具体的形态，而是追求气势和意境的结合。同时，山水作品的题诗是为了表达抒发作者的情思，这与造园中，假山题跋有着异曲同工之妙。

我国的园林文化自宋代开始注重写意，强调自然美与人工美的结合。由于宋代经济富庶，人们追求享受，所以开始争相建造园林。宋朝园林主要有皇家园林、富商私家园林、寺观园林、陵寝园林这四种。宋朝国力不比唐朝强盛，所以园林的规模比唐代要小，但却更为精巧。

北宋的绘画《金明池夺标图》（图 1.14）描绘的场景就是北宋的一个著名别苑。别苑内设有亭台、楼阁、花木、假山等等，整体布局呈方形，四周设有围墙，池中建有仙桥，用来连通岸边和池中的亭子。殿宇一般采用黄色、蓝色、绿色的琉璃瓦。线条工整，庄严瑰丽，是宋代风格的典型体现。

园林的发展与山水画的进步是不可分割的。互为依据，相辅相成。第一，

图 1.14　北宋・张择端《金明池争标图》局部

颜色层析上，山水画中的色彩大致分为水墨山水、青绿山水、金碧山水、浅绛山水和没骨山水这几种形式。将山水进行装饰化、概念化来抒发作者情感。同时园林中也注重深浅浓淡的对比和应用。第二，布局方面，山水画构图反对平淡单调，追求灵动变化，突出主景，烘托配景。画论称其为“先立宾主之位，次定远近之形。”同时，这些原则也被用在园林营造中。设置山水时强调主宾分明，高低曲直明确，也就是所谓的开合。“开”是指放，为起或生发之意，用来描绘把景致铺陈开来。“合”是指收，为讫或结尾之意，用来描述把过于分散的景致聚合起来。这种开合观是中国山水画布局的一个重要思想。它体现在园林设计中，就形成了聚散相依的丰富空间。给人“山重水复疑无路，柳暗花明又一村”的体验。其中，狮子林便是模拟了佛教圣地九华山的峻峰林立。远看群峦起伏，身入其中曲折幽深，体现了开合的真谛。第三，在空间比例上，“三远”同样是山水画一重要理论，为了使空间更丰富，园林中也注重假山之间的体量和比例关系。仰视有奇峰，远眺有起伏，平视有平岗。综上所述，足以可见山水画与园林设计的情理互通之妙处。

（二）形制体量和力道的迥异表现

1. 唐代

（1）力与美的统一

唐朝的建筑是我国古代建筑发展史上的第二个高潮。它不仅仅沿袭了前朝的成就，还广泛吸收了外来因素，造就了独立完整的唐朝建筑体系。唐朝的建筑群组布局高低错落，前后主次分明。建筑院落组合形制十分复杂，大殿常常配以回廊形成院落，并辅以次殿和角楼等，打造成建筑的组群，颇具力量感和体量感，是艺术加工和结构的完美统一，给人以强烈的视觉冲击。唐朝的单体建筑从平面上来分析，一般以满堂柱网双槽平面和内外槽平面最多，或有龟头屋、挟屋等。唐朝殿堂各间面阔有两种：一为明间大而左右各间小；二为各间相等。

因为唐代需要大量兴建建筑，所以技术进一步提高。木结构为主的建筑类型为了顺应发展需要，不再多样化地随意自由组合，而是逐渐走向规范化。为了防止官员在建造过程中徇私舞弊、偷工减料等不当做法的发生，国家为建筑的营造设定了一系列标准程序和法则，使得建筑的营造，无论是结构体系还是工程做法都得以规范化。建筑群组因此更加壮丽辉煌，严整有序。这些理论也是宋代《营造法式》的前身。

（2）建筑群规模巨大

唐代建筑突出特点是结构的体量造型与审美的有机结合，具有庄重大方、舒展朴实的风格。唐代建筑大多使用木材、砖石等，因为技术的进步，可以采用多种形式和有色彩的瓦来进行建造，柱子的体量感和梁的架构都满足了受力与美观的共同需要。斗栱巨大结实、瓦檐厚实、有辅助的立柱和素雅的墙面、彩色的琉璃砖，形成了高贵辉煌的风貌。因为技术有了突破，采用大量高大结实的石柱，配上厚实的木构件，才塑造出一个个宏大的大空间，解决了通风和采光不足的问题，使得外观更加优美大气。这也与人们当时的“以肥为美”的审美情趣有关，无疑是审美意识在建筑艺术上的投射。

长安城有三大宫殿建筑群，分别为太极宫、城北墙外禁苑的大明宫和城东部隆庆坊的兴庆宫。太极宫和大明宫拥有基本相似的布局模式，兴庆宫则大不一样。它的整体布局并不是循规蹈矩，而是活泼奔放、壮丽豪华。但无论具体布局如何，整体规模都空前宏大。由于建筑群规模巨大，所以长安城的门道大多为三门道、五门道各一个，城门上设有歇山顶的城楼，城门两侧还各设置一座单阙，阙身要比城墙突出一些，也设有歇山屋顶，两阙低于中间的城楼，这是典型的建筑群的形成模式，组合式的发展。

图1.15　唐·李思训《京畿瑞雪图纨扇轴》

除了群组建筑以外，单栋建筑也有清晰的主次关系，配殿、长廊、角楼都是为了前殿的主体地位而起陪衬的作用。各院落之间也存在着主宾关系，这种主宾关系用来明确屋主人的地位和权威（图 1.15）。建筑群有着丰富多变的整体轮廓，单体建筑间的相互对位关系有着严谨的有机性，例如对横轴和前殿之间的距离就推敲得十分谨慎。

（3）装饰色彩单一

唐代建筑色彩相对其之后朝代来说，总体色调相对单一，在单一之上，礼部对它进行了严密的等级规范限定。因为在唐朝以前，建筑多为所用材质的固有颜色，并无太多修饰。尽管如此，唐代木构建筑颜色一般也不超过两种，为红白两色或黑白两色，鲜艳悦目、简洁明快。颜色为了强化中央集权的利益而被划分，例如：皇家建筑用特定的黄色，宫廷和一些寺庙可以使用黄颜色和红颜色。到了官衙府邸，多用青蓝色，大多数平民不可以使用颜色，建筑多为黑白灰的固有色。唐代的瓦有灰瓦、黑瓦和琉璃瓦三种。一般建筑用灰瓦，宫殿和寺庙多用黑瓦。长安大明宫出土的琉璃瓦多为绿色，其次蓝色，并有绿琉璃砖。主要建筑的屋顶，也出现叠瓦脊和鸱尾，鸱尾的形制与宋、元、明、清相比较更加简洁秀拔。瓦当除了木瓦当涂油漆以外，还有“镂铜为瓦”的，纹样多为莲瓣。

2. 宋代

（1）自然美与人工美融为一体

宋代著名的皇家园林——艮岳，也称“华阳宫”，它的建造突破了汉朝以来的传统模式，不再强调模仿真山真水，而是以一山三峰的形状来进行设计。因为皇帝宋徽宗的艺术修养极高，所以指导对艮岳园林建筑的设计一定要把诗画之美融入其中，更加注重意境的营造和对园林“神态”的追求。园内山峦起伏，众山环绕，自然景观结合建筑物，形成了史上规模最大的以假山为主的皇家园林。

北宋李格非所写的《洛阳名园记》曾经对园林景观有细致的描述。它所描述的是宋仁宗的宰相富弼所建的富郑公园，特点是简约精致、雅致自然。

图 1.17　北宋 · 王希孟《千里江山图》

王希孟的《千里江山图》(图 1.17)，其布局的丰富性，充分展现了园林景致。

宋代由于实施了“材”为标准的模数制以及工料定额制，这些制度使得建筑工程进一步有了规范化的约束，而更加严谨和标准。中国的园林设计一向重在写意，把山水、岩壑、花木等一系列人工景致与自然美结合起来，以苏舜钦的沧浪亭和司马光的独乐园为代表。

（2）建筑的尺度缩小

宋代为大转变之时代，这时期市民阶层壮大。同时受理学的影响，物象并不追求单一物质层面的宏大，反而追求精神上的深意。建筑形制主要以殿堂、寺塔和墓室为主（图 1.17）。在城市规划上，无论是北宋东京，还是南宋临安，都远比唐代长安城要小。

北宋宫殿布局不如唐代恢廓。如北宋七帝八陵，分布在嵩山北侧约 10 公里见方的豫西北平原上，规模收敛，深受理学“存天理，灭人欲”思想的影响。表现的风格也与大气富丽的唐代有所不同，尚文弱文雅，变得内敛而精致，追求宁静致远。无论诗歌、绘画、建筑都在宋文化影响下达到精神统一。绘画不再如唐代一般题材开阔，内容饱满，规模宏大，而是更加精美和富有人道主义精神，有一定的孤高与不逊的气质。

宋代建筑无论是单体还是群组都比唐代要更加隽秀小巧，并搭配了许多精致的屋脊饰物，更加烘托了主体建筑的秀逸轻盈之势。同时，园林风格也一并秀丽无比，规模大大缩小，与“马一角”的绘画神意相通，追求意境（图 1.18）。总而言之，宋代建筑是在唐代基础之上，柔和化的产物，在各地不再兴建大规

图 1.17　宋 · 佚名《曲院莲香图》

图 1.18　宋・马远《雕台望云图》

模建筑群，转向研究建筑群组之间的组合关系，大力发展装饰细部。

（3）装饰与建筑的有机结合

宋代与唐代建筑绘画艺术风格的大转变，不仅体现在体量上，还体现在细部上。首先，建筑与装饰的结合并用是一大特色。宋代无论室内外空间，都强调精美与神韵。从绘画《水榭看凫图》中可以看到精致的窗门隔断。格子门的断面更是丰富，有七八种形式之多，每雕刻一个花瓣，都要深浅有致，生动有变化。宋代注重对每一个梁柱的加工处理，瓦饰也是多种多样，琉璃瓦得到使用，这使得建筑颜色更加绚丽。此时出现青瓦和琉璃瓦组成的柔美精致的剪边屋顶。天花也有八角井、菱形覆斗井等多种样式（图 1.19）。

据《营造法式》记述，宋代对柱础、栏杆、台基也是十分重视的。其中，覆盆式柱础为多，较矮平。栏杆较为纤细，雅致。从绘画《折槛图》中可清晰辨析其栏杆装饰的精美，有彩漆和金属包嵌等等，台基中须弥座甚至有近 12 层。宋代装饰的另一大特色便是彩绘。由于油漆的使用，装饰色彩丰富了

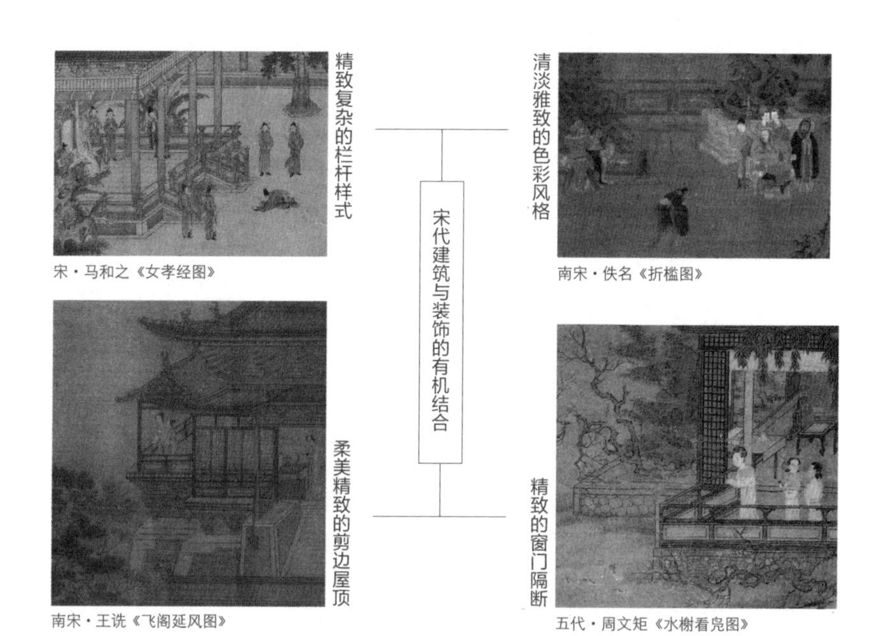

图 1.19 宋代建筑与装饰的有机结合

起来，在儒家和禅宗思想影响下，宋代体现了稳而单纯、清淡雅致的色彩风格。如此可见，宋代对于细部装饰的要求与唐代建筑的大气相比，尽显精美雅致。

宋代绘画盛行界画和写实性的作品。我们可以从建筑绘画中看到精细入微的木架结构的样式和细节。如绘画《深堂琴趣图》，画中的建筑刻画得深入精美，色彩明快，在整体上含蓄而有意境。又如《秉烛夜游图》（图 1.20），体现了宋代园林建筑的风格，起翘的檐角和装饰，是绘画与建筑的完美结合。

（三）审美与技术影响下的细部差异

1. 唐代

（1）细部朴实无华

唐代建筑的整体形象给人一种朴实无华、大方庄重之感，无论是建筑整体外观还是细部都简练稳重。以唐代大佛殿为例，外建筑秀美古朴，它的梁

图1.20　宋·马麟《秉烛夜游图》

架设计较为简练，屋顶由柱子支撑，所以墙身并不承担重量，主要是作为隔断隔绝室内外空间。斗栱设置有翘起，使得屋檐出檐深远，室内并不昏暗。整体建筑形象收放有序，大殿结构稳健简练，尽显木结构之美感。

唐代的朴实无华体现在建筑细部上主要有以下几方面。首先，窗子的设计盛行直棂窗，便于采光。四周设置线脚，门窗上有壁画彩绘等装饰，装饰内容富丽饱满。唐代的勾栏多用勾片栏板或用卧棂栏杆，木制的勾栏基本沿袭了东汉做法，又逐渐出现石制栏杆或砖石混制栏杆。台基、脚柱、踏步石等设施多用雕刻或彩绘进行装饰，其中，中小型建筑台基常常是砖砌的素方平台，并在台下设散水一周。壁画中可见到部分建筑还在素方平台下设置一或二层用砖砌筑的方脚，高级一些的，雕刻的是覆莲，最高级的台基是须弥座，用砖或石筑成。

屋顶的瓦饰有鸱尾、斜脊、垂脊和翘起四种。在屋脊上以及脊端用砖瓦堆砌而成的装饰一般称为瓦饰。最初的作用是尽可能地遮掩和美化屋顶上的屋脊线，逐渐发展为一种装饰形式。在屋顶上面还铺设陶瓦，下设瓦当。初唐时重要建筑已经出现用琉璃瓦来进行装饰了。综上所述，唐代建筑在建筑细部上的装饰并非繁缛，而是大气恢宏，体现了当时的社会特色。

（2）家具实用大方

唐代盛世社会风气开放，朝气蓬勃。我们常常可以从诗画中捕捉到当时社会的人文精神和物质生活的富庶。唐代家具以其浑圆丰满而在家具史上占有十分重要的地位，比较前朝有很强的突破性。在早期的传统中，人们习惯席地而坐，最早出现椅子和凳子的形式还是由西北的少数民族以及佛教的传播进入汉民族生活中的。由于社会上习俗逐渐接纳垂足而坐以后，开始盛行长桌椅、板凳、腰围凳、扶手椅和靠背椅。家具的风格依然同当时社会文化一致，实用大方、简洁朴素。线条柔美富丽，极具生活和世俗气息。

这种新的高型制的家具在上流社会十分盛行，以温婉柔和的木制材料家具为主，厚重饱满的材质感和柔美流畅的线条使得家具高贵大气，并且放置有序，为整体室内的陈设增添了浓墨重彩的一笔。同时，由于受到外来因素

图 1.21　唐·卫贤《闸口盘车图》

的影响，家具的装饰风格也有了新的变化和发展。它一改以往的古拙质朴，而转为华丽润妍，端庄稳重。当时盛行的仕女画中随处可见此类风格的家具，与当时丰满富态的女子形象十分吻合。月牙凳就是一种在绘画中常常出现的官宦上流社会中闺房必备的家具之一。

初唐画家阎立本在《萧翼赚兰亭图》中描绘了李世民派监察御史到会稽（绍兴）骗取辩才和尚所藏王羲之《兰亭序》帖原迹的情景，画中可见辩才和尚所坐的是一把用树根制成的禅椅。在高型制家具发展过程中，唐朝的屏风和衣架、柜子、桌案等都有变高变大的发展趋势。其中在唐代的宴饮情景中，出现了可围坐十多人的大桌，并有四足桌，十分舒适实用。对国内外的家具史都产生过巨大影响。这种更为科学的、更接近人体工程学的家具为家具步入成熟时期奠定了基础。

（3）构件体积庞大

唐代的木结构建筑给人以雄伟气派之特点，一是在于它整体规模形制的宏大，二是在于其建筑细部构件庞大，使得整体气氛庄重大气（图 1.21）。

论一个建筑的细部构件，最能体现特色的便是柱子、屋檐和斗栱了。唐代与前朝后代相比，最显著的特征在于其斗栱的硕大。斗栱是柱子和屋顶之间受力与传力的一种结构，斗栱和柱子的比例较大，尽显了木结构之美。在唐代这样一个力与美相融合的阶段，建筑中斗栱还承担着强有力的力学作用，作为屋顶重力的缓冲，在结构上十分重要，所以形制也较大，布局较为舒朗。这样使得屋檐更为深远，屋顶更加平缓，屋子的举架也可以更加低矮一些。由于椽子受力并不大，所以屋角起翘的做法也并不十分盛行。唐代建筑大都为檐角平直，同时，斗栱特殊的繁复形象在屋檐下产生了美轮美奂的光影效果，加强了装饰的美感。此时的柱子由于具有承受重力的功能因而也较为粗壮，多数为上粗下细。而这些种种在宋代以至明清的发展过程中产生了很大的变化。宋代以后，斗栱形制缩小，实用性大大减弱，取而代之的是装饰美感的重要性，斗栱也随之渐渐演变为一种装饰品和一定意义上的附属品了。

唐代的斗栱形制已经十分成熟了，有一斗、一斗三升、双杪单栱、人字形补间铺作、双杪双下昂和四杪偷心等等……唐代的补间一般形制简洁，大都只有一朵。初唐时期盛行不出挑的“人”字栱，盛唐后普遍开始流行在驼峰上的出挑斗栱，但出挑数比柱头铺作要少。唐代斗栱除了自身体量上较为硕大，总体的尺度也十分雄壮。例如佛光寺大殿的斗栱，相比后代建筑更为气势非凡。

2. 宋代

（1）细部纤巧秀丽

以斗栱为例，与唐代相比，出现了明显的缩小的趋势。宋代的斗栱大约是唐代斗栱大小的二分之一。从《飞阁延风图》中可见斗栱的秀美（图 1.22）。斗栱功能上的作用大大缩小了，转而从装饰美观的角度出发，斗栱的缩减使得出檐更加深远舒展。

宋代还有一个著名且典型的细部便是飞檐的装饰（图 1.23）。有很多种形式，有的低垂、有的平直、有的上挑，形成了轻盈、活泼，抑或是威严朴实之感。无论是亭、台、楼、阁都用飞檐来进行装饰。一在于美观，二在于彰显主人地位。有言道“增之一分则太长，减之一分则太短”的描述，可见设计要求的精细程度之高和审美要求之高。宋代屋顶的檐口比唐代要更轻薄，

图 1.22　南宋 · 王诜《飞阁延风图 》局部

坡度稍稍变大，不似唐朝一般平缓舒展，而是更加轻盈秀丽。

从南宋李嵩的《水殿招凉图》（图 1.24）中可见柱子也不再如唐代一般厚实粗壮，而是柱身比例增高，配上秀丽小巧的斗栱，尽显建筑的细腻柔美。

（2）构件标准化

宋代社会的经济水平和科技都有广泛提升，市镇手工业发展迅速。由于经济的发展，城市人民生活富足，压力减小，可以有更多的精力来思考生活的环境和舒适度，所以人们对于建筑的规定也逐渐走向标准化。特别是《营造法式》的颁布，使得建筑的形式、材质、搭建方式都有了一个标准，建立了“材分模数制”。《营造法式》卷四“大木作制度一”中记述“材：凡构屋之制，皆以材为祖，材有八等，度屋之大小，因而用之。”[11] 这使得建筑在组合上可以更加丰富多变。又出现了减柱法和移柱法等新技术，增加了室内的采光和通风。减柱法也使得宋代建筑区别于唐代工整的梁柱排列，产生不规则的铺排方式，使得空间更加灵活。建筑更加系统化和模块化。

宋代建筑为发展的成熟阶段，对元、明、清以及海内外都产生了深远的影响。据《营造法式》记述，此时殿堂建筑以横向铺排垂直的屋架为主，屋架以纵柱和横梁用榫卯形式搭合而成。在《梦溪笔谈》中记载如下：“ 造舍

图 1.23 宋代建筑屋顶形制

图1.24　南宋·李嵩《水殿招凉图》

图1.25　南宋·李嵩《水殿招凉图》局部

之法，谓之《木经》，或云喻皓所撰。凡屋有三分：自梁以上为上分，地以上为中分，阶为下分。凡梁长几何，则配极几何，以为榱等。如梁长八尺，配极三尺五寸，则厅堂法也，此谓之上分。楹若干尺，则配堂基若干尺，以为榱等。若楹一丈一尺，则阶基四尺五寸之类。以至承栱榱桷，皆有定法，谓之中分。阶级有峻、平、慢三等，宫中则以御辇为法：凡自下而登，前竿垂尽臂，后竿展尽臂为峻道；荷辇十二人：前二人曰前竿，次二人曰前绦，又次曰前胁；后一人曰后胁，又后曰后绦，末后曰后竿。辇前队长一人，曰传倡；后一人，曰报赛。前竿平肘，后竿平肩，为慢道；前竿垂手，后竿平肩，为平道；此之谓下分。”[⑫] 足以可见宋代建筑之精准和细致。

界画制作也受其影响，使用精度较高的界尺，很好地记录和再现了当时建筑的繁盛。由绘画可见，城市发展了好多临街店铺等，各地不再关注大规模的建筑，而是在建筑的组合上加强空间层次来烘托主体建筑，强调装饰与色彩。位于山西省太原市晋祠的正殿及鱼沼飞梁为典型的宋建，砖石水平的提高主要在佛塔和桥梁上。

（3）装饰纹样精美雅致

宋代建筑装饰柔和绚丽，丰富多彩。其中，栏杆的纹样以复杂的几何纹取代了勾片。窗棂的装饰盛行富丽的三角纹、古钱纹和球纹等。同时，受到佛教的影响，也是对唐风的继承和发展，在佛教建筑上的梁枋底和天花上有卷草纹、网目纹和凤凰纹等。《营造法式》也对这些纹样做了大量记述和规定。在第二册第十二卷关于雕作制度中有说“雕混作之制：有八品：一曰神仙，二曰飞仙，三日化生，四曰拂菻，五曰凤皇，六曰狮子，七曰角神，八曰缠柱龙。”⑬

同时，在绘画上，也常出现吉祥图案来表达主人美好夙愿。如：在四铺作斗栱，五铺的斗栱处要设计彩画纹饰。如单卷如意头、云头、牙脚等。宋代的此类几何纹样在绘画、服饰、陶瓷中也大量使用。从李氏绘画《水殿招凉图》中可见屋檐下方阑额、补间铺作（图 1.25）。其中，屋顶檐角、阑干、梯阶等位置均有雕刻的纹样，纹样精美典雅、朴素又高贵。在窗子、柱梁和台基上的彩绘也是变化多端。同时，对于室内居住空间的美化也十分精丽。此时流行在墙上挂画装匾，给人们一种畅游山水间之感。家具也是纹样的主要集中地，强调对腿部的修饰，被称为“花腿”。

四、明代的承前启后与清代的改革创新之特殊性演化

（一）古建等级与分区布局的形成

1. 明代

（1）等级划分严格

我国封建社会在漫长的发展过程中，统治阶级为了巩固社会秩序和完善建筑体系常会设定一些礼法条款，以用建筑的不同形式来区分人们的身份和地位，是以“礼”为核心的思想体系的体现。它统领着人们生活的方方面面，有严格的等级规定。到了明代，这种社会等级的划分变得尤为显著。由于明王朝为专制的统治，制度约束下的建筑风格也十分僵硬保守，并且一切都是为了维护统治阶级的利益而服务。总结起来，建筑往往通过规模、屋顶形制、饰物、台基、彩绘、色彩等方面来划分阶层等级。

明代社会等级森严，对住宅的划分也十分森严。如《明会典》中规定官

图1.26　明・佚名《望海楼图》

员的住宅不许用歇山屋顶和重檐屋顶，也禁用重栱和藻井。不同品级官员厅堂的间数和架数也有严格的限制，对于装饰题材和彩绘也分为不同等级。足可见社会阶级的森严和皇权至高无上的地位。除了这些，公侯和官员也分成四个不同等级的住宅，对于间数和颜色等不同方面都有严格规定。特别是百姓屋舍都不许超过三间，不能用斗栱和色彩，屋顶也有了从重檐庑殿直至硬山顶等一系列分明的制度。

（2）中轴对称布局

明代的北京城规划要点有“宫城居中，四方层层拱卫，主座朝南，中轴突出，两翼均衡对称。”明都城的整个平面呈“凸”字形布局。外城为外，在其中设有内城，在内城的中心设置皇城，最中心为紫禁城。同时，在城的周围建设有天、地、日、月坛，用来烘托皇权的绝对地位。

其中中轴对称布局明确，中轴线纵贯南北。永定门为中轴的起点直到地安门北的钟鼓楼为结束。配合城内建筑的均衡分布，形成一个和谐、壮美的建筑群。它布局严谨有序，主次分明，使得空间在规矩的同时有丰富的变化。在故宫的结尾处直至景山的方向，它与故宫的轴线相交汇，在景山上可以俯瞰故宫的壮丽和辉煌，是中国建筑史上的瑰宝。

明代的中轴对称布局与唐代长安城的中轴对称有一定的区别。唐代是参照了洛阳城的设计加之《易经》的“乾卦六爻”理念。而明代的规划是体现了五行八卦的理念，依照星宿来规划，所以皇宫由于“紫微宫”而得名“紫禁城”，并依照星宿，同理位于中央之中，三大殿所设的三层台阶，象征着“三台”星等等，足以可见其布局的严谨性（图 1.26）。

2. 清代

（1）改进分区功能

清朝又称大清帝国，是中国历史上最后一个君主制王朝，是封建专制空前高涨的一个时期（图 1.27）此时的戏剧、绘画、文学、小说等也在我国传统文学艺术的基础上又有了新的发展。

北京的紫禁城宫殿在李自成撤京时不幸被焚毁了许多，但是到了清代，

图 1.27　清 · 丁观鹏《太簇始和图》

顺治皇帝对其进行了恢复建设，布局大多按照明朝的基础，分为前三殿、后三宫、左右六宫等等。再如文华殿、武英殿、太庙、社稷坛、御花园、慈宁宫等仍按明城规划复建或增建，但名字都换为新名，以表达改朝换代。

清代对紫禁城最大的改造就是建造宁寿宫，面积约为 4.47 公顷，宫殿西侧建造了宁寿宫花园，又俗称乾隆花园。重建的紫禁城加强了中轴对称布局，用来加强皇权至上，中央集权。重建是注重改进功能分区，进行了大量的改造，这一点是清代建筑的一个普遍的特点。

（2）积极开拓城郊用地

清代时期，北京规划突破了明代城墙的约束，积极地开拓了城郊用地。着重扩展西郊、南郊的城市用地，于南郊兴建南苑以及团河行宫。对城郊的积极开拓和使用令闲置地区得到发展。

清代都城基本上沿袭了明朝时期的布局，仅稍作了改动。其建设主要是要充实和调整，同时开发城郊地区。将明代内府二十四衙门改为居民住所，在此之上，同时又增加了西什库一带地区。因此，宫城内的用地划分发生了很大的变化。王府井、台基厂、西城太平、西城草厂等均改为王府用地。又因为北京将满城设定为内城，所有之前居住在内的八旗卫戍官兵和他们的家眷，以及其他的汉族、回族市民都迁居到了外城，这样的迁徙也直接影响了外城经济的大发展、大繁荣。以上为北京发展的重要规划。

（3）民族建筑相互交流

清朝的建筑是一个汇聚了多民族精华的体系，它不仅涵盖了优秀的汉族的建筑手段，还沿用了明朝的建筑布局。在民居建筑上，将满族和汉族的习惯相互交融奠定了经典的四合院建筑。不仅如此，还受到了苗族、壮族等等少数民族的影响，因此可以说清朝的建筑异彩纷呈。

清时期的园林建筑尤为出色，在不同的地形与空间条件的限制下，造型以及装饰等方面都有着极高的水平。建筑工艺与材料应用在此时也在不断地发展与前进。例如玻璃工艺的引进与应用、砖石建筑的普及、各种材料以及木构件的创新应用等。所以，清朝民居建筑可谓是大放光彩。又因为风格独特的藏传佛教建筑在这一时期开始兴盛，所以佛寺造型也改变了以往寺庙建

图 1.28 清・焦秉贞《历朝贤后故事图》

图 1.29 清・佚名《仕女图》

筑单一的形式，融入新的元素，形成了更加丰富多彩的建筑风格。

清代的绘画也出现了不同民族间相互交融的现象。除了以文人画和山水画为主流以外，清代还盛行宫廷的院体画。又由于中外交流频繁，西洋的传教士带来了好多新的技法和手段，丰富了清代画论著作。以郎世宁的绘画为典型，他为我们带来了人物画明暗凹凸的表现手法，使绘画富有立体感。焦秉贞在吸收了西洋画法的基础上，绘出的殿台楼阁更加精工细作。在《仕女图》中，我们也可见到精美的勾栏和屋檐装饰（图 1.28 和图 1.29）。

（二）构建模式与风格的因果效应

1. 明代

（1）结构美和构造美

明代建筑的体量十分庞大，紫禁城的奉天殿是人类历史上最大的木构建筑。其结构标准化，十分合理，具有很强的抗震功能。虽然在形制上追求宏大壮阔，细节的精美也没有丝毫放松，反而追求极致美感。结构的科学性在此时达到了高峰。精准的工艺，使得整体建筑清晰明朗，大气有秩序，便于打造大空间、大体量的建筑。

（2）建筑形象严谨稳重

明朝的政治对君主专制不断强化，在文化上十分禁锢和保守，科举上提倡八股文也是阻碍思想发展的一个原因。种种社会因素加载在建筑上，使得建筑风格相对保守严谨，规矩有序。

首先，建筑的水平有所提高，规模更趋向于组合化发展。明代的木结构更加定型和简化，主要体现在斗栱的缩小，屋檐的减短上。柔和的形制感逐渐消失，而是更加历练简洁，使整体建筑更加细腻精致。其次，明代材料发展迅速，在城墙或殿堂上常用砖石贴面，使建筑在质量上有所提升，美观度上也更加完善。除此之外，建筑技术发展，结构上承宋代营造法式，十分缜密的结构和标准化的构件也是它整体形态庄重严谨的原因之一。

明代人的审美观念喜欢中规中矩，整齐划一，繁密精致。这种审美观也体现在家具的细节上面。如在许多绘画中可见到明代家具的造型规整，装饰繁杂。装饰虽然繁杂，却并不是图案刻意的堆砌，而是有意识的刻画。如恰到好处的局部细节、点睛之笔的镶嵌材料等，都是在整体之中使之更为精致。同时出现了家具成套安置的概念，极具科学性。

在绘画上，明朝取代了元朝后，为了巩固政权，一改元代枯寂幽淡的风格，开始追崇宋代画风，并盛行院体画。

2. 清代

（1）建筑组合形体变化丰富

清代是我国的最后一个封建王朝，平定三藩后，中原得以修养，清朝的经济也有了一个很好的积累，开创了“康乾盛世”。这使得国家积攒的财力可以大规模的去进行建筑设计和城市规划（图 1.30）。在这一时期，大批量的园林开始兴起建造，在皇宫中和在中产阶级的别院中都得以体现。

皇宫的形态基本沿袭了明代的原状，只是在它的基础上进行了修补和完善。但在造园方面可以说是空前的规模盛大，它通过对地形与空间的合理规划和利用，使得建筑组合形体变化丰富，与周围环境完美融合（图 1.31）。

图1.30　清·袁江《梁园飞雪图》

图 1.31　清・袁耀《九成宫图十二屏》

清代的建筑组群布置水平已经非常成熟。由于村落的发展，像祠堂、客栈、饭馆等建筑大量增多；又因清代人口繁衍迅速，用地紧张，所以就有很多地区的居民通过增加居住空间层数等方式来解决这一用地问题，同时又丰富了建筑的多样性。

清代的艺术风格并没有沿用宋元以来的建筑造型上的特点，许多建筑的固有特色风格逐渐消失，清代形成了自己的独特风格。不再追求像以往建筑的结构美，而更着眼于建筑组合形体的变化。例如北京西郊园林圆明三园，是清代著名的皇家园林之一，面积 5200 余亩，景点达 150 处之多。在盛夏是皇家极好的避暑之处，所以又称为"夏园"。圆明三园的建筑类型包括亭、台、楼、阁、堂、殿等等，它几乎涵括了中国古代所有建筑的形式与类别。正大光明殿是它的正殿，是圆明园四十景之首，有殿堂七间，前有月台，左右各五间配殿，其他还有勤政亲贤殿、养心殿、九州清宴、碧桐书院等。它们通过独特新颖的造型形式以及灵活多变的建筑群组体现了清代建筑变化的丰富。

（2）建筑物崇尚工巧华丽

清代的建筑虽说是对前代建筑的大体延续，但其自身也有许多创新，建筑物尤其崇尚工巧华丽。清代起，装饰材料领域扩大很多，像是各种木材、纸张、铜器、金箔、琉璃、瓷器玻璃制品等等都有所涉猎。多种材料的利用使得建筑物有了很大的改观，更加华丽丰富、流光溢彩。同时，技术方面也更加成熟。例如雍和宫万福阁等大型建筑，使用的是新型的梁柱直接榫接的手法代替了传统的斗栱，这样使得整体框架更加规整，也大大地提高了建筑物的稳定度和强度，不论是内在的结实程度还是外在的美观性上都体现了工巧的华丽。

清代在建筑装饰等方面精细的工巧技术更为明显，分别体现在彩绘、木作、雕刻、装饰等各个方面。单就彩绘装饰艺术来说，清朝比明朝要更加精巧华丽，官式彩画也十分丰富，有和玺、旋子和苏式彩画三大类，细分尚有金龙和玺等十几余种。建筑彩绘中又结合沥粉、贴金等方法使建筑显得更为华丽辉煌、光彩耀人。清代内檐装修中应用了许多工艺品制造的方法，像景泰蓝、玉石贝壳雕刻、金银物品镶嵌等。这些技巧的应用使建筑物室内的环境更加无与伦比的出彩，打造出瓷器一般华丽精美的室内环境。砖、木、石等各类的雕刻成为官宦财主地位身份的一种标志。许多新的技巧与装饰方法越来越步入主流社会中，被越来越多的建筑所使用。以上这些都体现了清代建筑装饰艺术所表达的工巧华丽与中国传统建筑的细致美感。

（3）建筑材料技术进步

清代官私的建筑总量超过了以往，但清朝时期木材又非常稀缺，所以导致了工匠师和建筑师不得不去寻找更多的材料来进行替代，砖瓦在此时的需求量就明显增多，房屋基本改用砖瓦等材料。以石材作为承重支撑，在民间的建筑中也得到了很好的利用。硬木、铜件、金箔、纱绸、玉石、油漆等都应用在建筑中，多种多样的建筑材料使建筑外观也发生了改变，十分华丽与精致。木构架技术也逐渐改进，它逐渐向表面性装饰发展，成就也更加突出。这个时期的建筑以小木材组成大木材来使用，通过各种方式，使其既美观又节省了材料。

（三）建筑细部对世俗观念的顺应

1. 明代

（1）装饰日趋定型化

木结构的建筑构架，经不断地发展直至明清时期，大有进步。木结构的错综复杂性和它丰富的变化使之成为了室内的装饰手段。明代装饰摒弃了以往单调的形式，构件的装饰性日益显著，渐渐大于其实用功能。例如门钉，在宫殿的门上常出现成排的门钉，在寺庙的大门上也常有出现。它最初是用来连接木板的，起到稳固的功能作用，到后来逐渐发展成为独特的装饰。

明代建筑由于木材的大量减少，而增加了许多砖瓦，石材等材料或砖木混合形式，更涉猎如竹子、苇草等等。由于材质的发展，用于装饰的材料便更加丰富，如雕刻用木、纱罗、油漆、瓷器、铜件、玉石等等，用来丰富建筑的外在美观和家具陈设的使用上面，并出现了很多习惯性装饰。如建筑的正脊，又叫平脊，作于屋顶处两个方向坡面的相交处，两端装饰有吻兽或望兽，中间设有宝刹，一方面具有象征意义，一方面用来表现屋主地位。最有特点的定型化装饰为设在屋檐角的“走兽”。依照建筑和使用者的需求来决定使用题材和数目。单数居多，太和殿是特例，为10个。小兽的排列按龙、凤、狮子、麒麟、天马、海马、押鱼、獬豸、吼、猴等异兽分列。垂鱼也是一种建筑装饰，多为木雕，悬垂于山面顶端。以隆昌寺无梁殿砖雕为例，墙壁上有木构造砖雕，上面有垂莲柱砖雕、斗栱砖雕、额枋砖雕等。墙角一般也有动植物、鸟兽文字等装饰纹样。在建筑中常用的雕塑题材有“金玉满堂”、“鱼跳龙门”、“蟾宫折桂”等。

（2）榫卯结构发展成熟

中国古代建筑以木结构为主，自春秋战国时期开始使用，一直发展至唐宋时期已经非常成熟。一个结构完整的木构宫殿建筑，需要有成千上万个小结构组成。其中它们大多数以榫卯结构结合在一起，这种结构使得松散的各个小部分聚合成一个整体。到了明清时期，榫卯结构发展极为成熟，构件的审美装饰功能强大，其技术性在宋代《营造法式》的基础上更加炉火纯青。

明代的斗栱与宋元时期斗栱相比较，变得更为小巧和精致。从力学承载性上渐渐转变为与审美艺术性、装饰性的完美结合。由于斗栱的受力能力变小，所以常常在柱间设置数量众多的斗栱来解决这一承重问题。与此同时，斗栱也象征着等级秩序。榫卯的成熟从我们熟知的明代家具上就可以看出，家具的整体造型简练，以线条美为主，结构严谨。它完全以榫卯结构搭接，使每个构件上所承载的力降到最小，使整体结构的强度、美感都达到了完美的程度。以小见大，在明代建筑上也是如法炮制，榫卯的搭建方式促进了多种技法的产生。

2. 清代

（1）细部装饰美学提升

清代的建筑越来越精细，小到一颗钉子的位置，大到整体的布局与美观，人们越来越重视建筑的细部装饰，通过不同的装饰方法与手段使建筑的艺术感提升。这就要求每一个细部都要做到精打细算，才能显得整个建筑是如此的气势磅礴。

从现在来看，世界各国的建筑中，我们都可以去体会到一个建筑中细部的设计与装饰所给我们带来的视觉盛宴。不仅是中国古代，欧洲的古建筑也同样体现了这一点，从整体的构图再到建筑的色彩与比例，都设计得非常到位。清代的建筑又是如何体现细部美学的呢？以故宫为例，这一特点是尤为突出的，故宫占地超过 72 万多平方米，宫殿多达 9000 多间，主要有青白石底座，黄琉璃瓦顶，再加绚丽多彩的绘画来装饰。它以南北向中轴线组合，南为端门和午门，北到景山，可以用空前杰作来形容。故宫太和殿是三大殿之一，同时也是最华美的建筑，又称“金銮殿”。殿高 28 米，东西 63 米，南北 35 米，殿前有制作极其精细的炉、鼎，殿后有华丽的围屏。整个太和殿被建造装饰得犹如神话中的琼宫仙阙，不失庄严又极为辉煌。

清代的皇家行宫颐和园也丝毫不逊色于其他建筑，它始建于清乾隆帝十五年，主要由万寿山和昆明湖组成，它集中国园林艺术的精华于一体，极具艺术价值。颐和园昆明湖有一小岛，又作龙王庙，用十七孔桥使小岛与东岸相连，它们的组合作为昆明湖的点缀，湖水与景色交相辉映，让人目不暇接。这些细微之处皆体现了清时期细部装饰美学的提升。

（2）构件装饰功能大于实用功能

清代建筑在装饰艺术方面有许多表现，分别体现在彩画、小木作、栏杆、

图1.32　清·姚文瀚《四序图》

内檐装修、雕刻、塑壁等各方面。所以建筑上由功能构件而形成的装饰雕塑在清代十分盛行（图1.32）。工匠会利用构件、门窗、摆设等物品进行细致的设计与雕刻，艺术感十足。但这些都是物品的艺术装饰功能，并没有太大的实用功能。长久所形成的这些装饰雕塑就自成一种独特的模样与清代的建筑融为一体。

紫禁城内壁流光溢彩的绘画是一种极美的装饰，画工精良，但也多为一种装饰存在，而并非延展了构件的实用功能。但构件装饰雕塑以及绘画的意义却是深远的，既包含了人们对历史的追忆，同时也体现了艺术审美意识的发展。清代建筑不断发展，许多结构的功能性由于技术的发展而不再十分重要，建筑上构件的功能性逐渐减退或消失，取而代之的是它的装饰性越来越突出。所以说建筑的装饰功能与实用功能有着紧密的联系，这些在清代建筑中是随处可以体现的。

注释

①引自《古画品录》，南齐谢赫撰，北京：人民美术出版社，1959。
②引自《中国画论类编——上卷》，俞剑华，北京：人民美术出版社，1986。
③引自《中国近现代名家画集》，石鲁，北京：人民美术出版社，1996.6，第5页。
④引自《古今词话》，沈雄，上海：上海古籍出版社，2008.8，第8页、第9页。
⑤引自《长物志校注》，文震亨，南京：江苏科学技术出版社，1984.3，第138页。
⑥引自《礼记》，陈澔，上海：上海古籍出版社，1987.3，第134页。
⑦引自《考工记导读》，闻人军，四川：巴蜀书社出版社，1988.7，第258页。
⑧引自《华夏意匠.中国古典建筑设计原理分析》，李允鉌，天津：天津大学出版社，2005.5，第17页。
⑨引自《华夏意匠.中国古典建筑设计原理分析》，李允鉌，天津：天津大学出版社，

2005.5，第 150 页。
⑩ 引自《易经》，苏勇，北京：北京大学出版社，1989.8，第 82 页。
⑪ 引自《营造法式——注释》，梁思成，北京：北京隆昌伟业印刷有限公司，2013.1，第 95 页。
⑫ 引自《梦溪笔谈》，沈括 刘尚荣，沈阳：辽宁教育出版社，1997.3，第 98 页。
⑬ 引自《营造法式——注释》，梁思成，北京：北京隆昌伟业印刷有限公司，2013.1，第 282 页、第 283 页。

参考文献

[1] 谢建华 . 浅谈中国工笔画中的写“意”性 [J]. 美术大观 .2008,6.
[2] 萧默 . 建筑意 . 建筑艺术与文化系列 [M]. 北京 : 中国人民大学出版社 .2003.
[3] 刘亮 . 谈传统艺术的气韵之美在当代设计中的理论意义 [J]. 现代装饰 (理论).2013,7.
[4] 方澄 .“以形写神”与“以神写形”——简析中国传统绘画中形与神的关系 [J]. 现代装饰 (理论).2012,1.
[5] 曹桂生 . 中国画创作中的情感作用 [J]. 文艺研究 .2005,3.
[6] 刘华沙 . 题画诗谈 [J]. 西北美术 .1993,10.
[7] 高鸿 . 师法自然 抒写心灵——石涛绘画艺术略论 [J]. 宁波大学学报人文科学版 .2005,6.
[8] 顾爽 . 从哲学命题看中西绘画审美的几点差异 [J]. 美与时代 (下).2010,4.
[9] 赵爱华 . 画境与园景 [D]. 西北农林科技大学 .2008.
[10] 邱族周 . 山水画与中国古典园林之关系研究 [D]. 中南林业科技大学 .2006.
[11] 胡晓春 . 中国古典园林诗情画意美初探 [J]. 山西建筑 .2010,8.
[12] 吴光兴 . 论萧纲和中国中古文学 [J]. 文学评论 .1991,3.
[13] 文放 .“袁安卧雪”与“雪里芭蕉”[J]. 中国文学研究 .1988,7.
[14] 门坤玲 . 空间环境设计的实践感悟 [J]. 包装工程 .2010,10.
[15] 禹权恒 . 选择 接受 转化——论佛教中国化及其当代价值 [J]. 阜阳师范学院学报 : 社会科学版 .2013,1.
[16] 王烨 . 当代建筑中传统元素“形、境、意”的表达 [D]. 山东建筑大学 .2010,6.
[17] 陈滨 . 中国古建筑艺术与数字化虚拟研究 [D]. 哈尔滨工程大学 .2013,3.
[18] 马作武 . 等级社会与法律 [J]. 中山大学学报 (社会科学版).1997,12.
[19] 杨靖 . 山西传统官邸建筑空间形态分析 [D]. 太原理工大学 .2006,5.
[20] 张腾辉 . 从“帝都”到“天下”[D]. 复旦大学 .2012,4.
[21] 梁田 . 宋之前画院机构之考辨 [J]. 数位时尚新视觉艺术 .2011,12.
[22] 杨洋 . 华清池园林景观品质提升设计研究 [D]. 西安建筑科技大学 .2010,4.
[23] 蔡如君 . 宋元家居及装饰研究 [D]. 南京理工大学 .2007,6.
[24] 倪峰 . 宋代建筑艺术探微 [J]. 河南教育学院学报 .2006,3.
[25] 江珊 . 从宋画中看宋朝市井街巷建筑空间 [J]. 华中建筑 .2012,8.
[26] 郭明 , 裴欣 . 中国山水画论对园林假山设计的影响分析 [A]. 中国风景园林学会 .2011.
[27] 梁爽 . 西安唐遗址工程的文化解读 [D]. 西安建筑科技大学 2012,5.

[28] 刘淑芳 . 宋代建筑的艺术特点与风格研究 [J] 艺术与设计 2011.1.
[29] 孙毅华 . 敦煌壁画中“城”的形象与演变 [J]. 南方建筑 .2010,12.
[30] 宋玲 . 中国古代建筑元素在动画场景设计中的应用研究 [D]. 湖南师范大学 .2011,10.
[31] 郭东海 . 青瓦的现代建构初探 [J]. 建筑与文化 .2011,4.
[32] 江俊浩 .“巧趣柔美、清雅俊逸”——南宋园林及其文化遗产价值探讨 [J]. 广西城镇建设 .2011,3.
[33] 刘淑芳 . 宋代建筑的艺术特点与风格研究 [J]. 艺术与设计 (理论).2011,1.
[34] 戴雪琳 . 隋唐居室设计研究 [D]. 南京理工大学 .2007,6.
[35] 王平 . 宋朝李诫编修营造法式对古代建筑标准化的贡献 [J]. 标准科学 .2009,1.
[36] 田中淡 . 营造法式“材分”制度来源之历史背景 [A]. 第一届中国建筑史学国际研讨会 .1998,8.
[37] 居阅时 . 苏州古典园林纹样含义的追溯 [J]. 华中建筑 .2006,9.
[38] 赵楷 . 论礼在中国传统建筑立面装饰装修中的体现 [J]. 山西建筑 .2008,7.
[39] 胡月萍 .“台”的嬗变及其文化价值 [J]. 四川建筑 .2002,2.
[40] 张萍萍 , 张婧 . 试论斗栱、彩画和线条在清代建筑装饰中的作用 [J]. 科技信息 .2009,1.
[41] 孙冀东 , 姜文博 . 中国古代建筑装饰雕塑的形式与功能分析 [J]. 河北大学学报 .2011,2.
[42] 程孝良 . 论儒家思想对中国古建筑的影响 [D]. 成都理工大学硕士学位论文 .2007.
[43] 吴国强 . 道家思想在中国设计文化发展中的历史作用与当代影响 [J]. 郑州轻工业学院学报 (社会科学版).2013,2.
[44] 汉宝德 . 中国建筑文化讲座 [M]. 北京：生活 . 读书 . 新知三联书店，2006.

第二章

山水画与建筑形态环境的意境文化构成

一、山水画与古代建筑文化同属性研究

（一）比德

《庄子》：“同类相从，同声相应，固天之理也。”[①]

《周易》：“同声相应，同气相求。本乎天者亲上，本乎地者亲下，则各从其类。”[②]

《吕氏春秋》：“类固相召，气同则合，声比则应。”《春秋繁露·同类相动》：“故气同则会，声比则应，其验自皦然也。……美事召美类，恶事召恶类，类之相应而起也。如马鸣则马应之，牛鸣则牛应之。”[③]儒家思想对“天人合一”中的人产生的人格形象，对人所处的环境——古代建筑文化也产生了长久深远的影响。天人关系不仅仅是浑然一体的人与自然的关系，其中枢与重心是处于同一个有机整体中的人与自然的和谐。儒家认为，达到宇宙的终极本体与人的道德相统一的理想人格是“天人合一”完美境界，因而倡导“天道”与“人道”的和谐相处。所谓“天道”即自然规律及自然环境、现象，如季节更替等；“人道”即社会环境中人与人之间的相处之道；这种和谐相处既各自为道又不分离。在大环境中，人类社会活动与自然现象相互渗透共存；在小环境中，人、建筑环境与自然和谐相处。不仅是追求美，更是在功能上匹配的和谐。

（二）贵和尚中

“和”是礼乐并用的儒家倡导的思想内容，在强调礼乐的同时强调“和”，无论是从政治主张，还是思想、哲学上都处处体现出“和”的思想。这种思想也体现在美学观中，其目的是调和等级之间的矛盾，和谐共处、礼乐并重。追求和谐共处、安定的美，是中国古代艺术风格的一个重要特点。“和”的观念表现在建筑群布局上则体现为各部分之间的比例尺度、装饰细部等各部分职能都能相互和谐共生，相互衬托。

尚中的儒家思想具体物化后，落实到建筑表现形式之上就是《荀子·大略篇》[④]中的“王者必居天下之中”居中思想的体现。从大体上看，无论是建筑群的地址选择还是建筑物的形制结构形式，都是这种“居中、择中”、“择天下之中以立国，择国之中以立宫”思想的体现。山东曲阜孔庙条理清晰、规模宏伟，布局规则可以说是中国自古以来古典庙堂的典型建筑群。从平面上看，孔庙规则的布局内在反映出来的是中庸之道的态度，强调在建筑组群基础上体现出和睦团结、和谐统一的“内聚性”。在古人的认识里：人的腹部是人的中央，也可以称为“腹地”。从另一方面来说，国家的腹地也就是都城。在宋朝之前，中原一直都是古代都城地理位置的首选。行使中央集权最高权力的场所都布置在都城的中轴线上、群山怀抱之中，处于中原地带，这也显示出王权的威严，暗合了古代中国对“中”的崇拜转换。儒家思想对传统建筑创作的影响不仅仅在风格、布局等方面，更倾注了富有儒家特色的道德美学和中和之美。大到秩序井然呈中轴对称布局的都城规划，小到合院群落民居，都崇尚传统建筑文化的“中”的空间意识，是中国传统的建筑美学性格。

西汉的长安城中主要建筑物与建筑群的关系就是居中思想的体现。长安城中的主要建筑物都坐落在中轴线之上，由北至南、由西安门至横门的中轴线中心是以未央宫为首的礼制建筑群，宗庙建筑与社稷坛分布在中轴线的东西方向。

大明宫玄武门由于居中思想的参与，这种中轴线设计成为中国古代建筑的重要标志。主要礼制建筑的宫殿都坐落在中轴线之上，这种由南至北的轴线设计突出了宫城、皇城、城郭的位置关系。不仅仅是都城长安，各地方城市也仿照其形制布置。

（三）儒家精神的人文属性

儒学主张敬天地、孝亲法祖等，其礼制建筑类型中，坛类建筑是都城建设和府县建设中明显具政治性的建筑形式。所以无论从数量、形制等各方面都可以体现祭祀建筑的重要地位。天坛、地坛、日坛、月坛，以及社祖、先

图 2.1　宋·李氏《焚香祝圣图》

农诸坛等祭祀天地的建筑坛是祭祀天之诸神、地之神祇的最高级别的礼制建筑(图 2.1),这种祭祀建立起了人与天的和谐秩序,造就皇权天授的人伦情结。

(四)道器相融的文化象征

在古代的建筑文化中，人伦宗法的文化象征是维系建筑体系中不可或缺的因素。在相同的宗法制人伦情结的社会文化影响下，大到城市与建筑的空间布局、建筑形式、规模、形制、建筑构件的比例尺度、间架、屋顶，小到装饰彩画等细部装饰都纳入等级的限定之中。在同一文化系统下，建筑文化呈现的所有形式都直指当时的社会文化。既属形中的“器”，其中又蕴含着形之上的“道”。既与大的社会环境、文化环境相融，又在功用之外隐匿着精神表达。

建筑在技术工艺上亦集中体现了等级制度,具体体现在“大式做法”和“小式做法”上(图 2.2 和图 2.3)。门环的材质依照等级以铜、锡、铁进行区分,而扶脊木、飞椽、角背等也与门环的等级化做法相类似,在材质上以铜质、锡质、铁质区分等级并进行限定。这种通过质量来区分等级，以对比、衬托为手法，以秩序感来布置空间环境的方法，使建筑群错落有致、主次分明、具有起承转合音乐般的韵律感。等级制度在比例尺度、装饰方式方面的限定十分细致，在这个规则下达到建筑艺术的一定高度，也成为道器相融的体现。

从结构上来说，屋顶、梁柱、墙体、台基、外檐装修、内檐装修到装饰细部、纹样、色彩构成；从装饰来说，艺术配件、装饰主题、花格样式、雕饰品类和彩画形制上都有表现，也是道器相融的文化象征。 在建筑空间上，在朝向上的尊与卑，坐落上的正与偏、左与右，位序上的前与后，层位上的内与外等一系列差别都是以建筑突出的特性区别等级。这些差别都是基于礼制在中国古代建筑文化中形成的独特现象，这些空间差别也分别赋予了等级制度含义。儒家倡导的方正不阿、正直不屈的优良品质对中国的建筑群落的空间布置产生了重大影响，最典型的即是曲阜孔庙与北京故宫。从布局上看，中轴对称、庄严肃穆的形制特点最为突出。在建筑的定量等级区分上，数字亦被赋予独特意义，中国古代称单数为阳数，双数为阴数。“9”为阳数之首，与汉字“长久”的“久”同音，有天长地久的意思，所谓“九五至尊”，表现出其影响不凡的一面。

图 2.2　南宋・李嵩《水殿招凉图》局部

图 2.3　元·夏永《黄鹤楼图》

譬如，封建社会中大到城市规模、组群规模、殿堂数量、门阀数量、庭院尺度、台基高度、面阔间数、进深架数，小至大门的间数、门饰、装修、色彩、半栱踩数、铺作层数、走兽个数、门钉路数、构件尺寸，都纳入礼的数量规制。

古代建筑文化是受到了传统儒家礼制思想的影响后衍生出等级礼制建筑形制。在这种等级制度与长期的封建社会文化不断融合的环境下，不断森严的等级制度将空间布局、建筑模式等技艺不断提升且程式化，虽然保证了建筑及建筑环境整体的延续性、统一性和技术质量标准，使建筑既是物质同时又承载着精神寄托。但形式难免单一，这种文化束缚了建筑设计的创新和技术的革新，延缓了建筑发展的进程。在历史的朝代更替中，建筑都是反映时代审美精神的镜子。儒家虽等级分明却和谐共处的伦理思想、哲学思想的特点已然深深融入到审美之中。在《礼记》中对用礼方式的论述为："礼也者，合于天时，设于地利，顺于鬼神，合于人心，理万物也。"⑤根据这种思想使建筑语言的特点富有等级意味。

中国古代建筑体系在宗法制与礼制思想的限定下，从住宅、宫宇衍生出丰富多元的建筑形式和风格。但无论宅、宫都是以木质结构为主，从大体上看，建筑组群的群体关系都是以横向纵向为轴线，以单元为单位的院落组成，再以纵横两路的道路互相分隔，沿水平向延展开来，组成里坊、厢坊或街坊，进而聚合成政治中心的城市群落。不同的空间组合形式形成的城市网络向郊野散射这一空间组合模式，皆为宗法制社会制度下所形成的，是中国古代空间习俗的秩序及其营造基础。

二、传统山水画与建筑环境文化研究

（一）道法自然：矛盾中的共生思想

《老子》中有"然埴而为器，当其无有，埴器之用也。凿户牖，当其无有，室之用之。故有之以为利，无之以为用。"⑥其中包含了某些朴素的辩证法，在面对事物对立的两面中怀有宽容的心态，即使是对立面也不能完全消灭，即和谐共存。世间万物，各有其性，有与无之间相互配合。共生观并不是静态的共生，是矛盾双方互相催化，互助互利。不仅仅关注物质表面的实实在在，而是将更多的目光投入到虚空部分产生的作用。这种有和无关系对建筑空间有一定的借鉴意义，也就是说，建筑与建筑之间所创造的正负空间不能说哪部分更重要，二者都不可或缺。比如：在建筑外表皮设计中，对于细节的处理不能只是局限在外立面的变化，而是与建筑室内空间的相互配合、动态共生。

在现代建筑领域，共生思想也得到了运用，最有名的是日本建筑师黑川纪章，他用这种包含矛盾元素的共生思想创造了一个新的建筑空间。这种共生哲学的审美基础不仅是对于异质文化在建筑哲学基础上的体现，也是人与技术、内部与外部、部分与整体、地域性与普遍性、历史与未来、理性与感性、人与自然等的共生。建立在传统文化之上的多维度文化则更应该是兼收并蓄、共生共荣的。

（二）物化与达生

“外师造化，中得心源”⑦是唐代画家张璪画论之语，这种创造法则影响到山水画、建筑形态、建筑环境以及器物造型等，其根本皆来源于道家“道法自然”和“天人合一”的思想。

1.“天人合一”观的自然体现

中国古代文化充斥着天、地的自然因素，这与儒道“道法自然”和“天人合一”思想有某种契合，是中华民族广泛的对于天人关系的形而上的表达。中国闻名于世的自然造园意境也源于道家，回归自然的出世思想，其借景造境“移天缩地”，把建筑、山水、植物有机地融为一体，在有限的空间里通过模拟自然来营造人为的“天然”空间。

道家将生命看作一个有机的系统，也将世界环境当作一个大的整体，生存在其中的生命体又各为一个有机体系，强调生理需求与自然需求之间的和谐共存。基于理性，各物间的物理属性相互影响、互助、支撑。基于感性，在环境范围内追求共生的美、和谐的美、感性与理性的共有来探求美。道家思想并不止是一种哲学思想，也是一种指导人们感悟世界、认识世界的方式。洞悉世界发展的规律，探求事物真善美的存在，这种相似于现代美学理论思想的道家哲学在中国已有很悠久的传承历史。这种思想浸润到古代至今的各个角落，比如天时运行、趋吉避凶的理念，以数字、同音、历法相传的方式在民间流传。对天道的顺应直接反映到建筑之中，建筑形制、建筑布局、房屋朝向等都暗暗蕴含天时运行的内在规律，这种顺应天地的生存哲学无论在建筑布局、空间表现，还是装饰上，都起着积极影响。

2.物化

（1）齐物：自喻适志

《庄子·齐物论》中说："昔者庄周梦为蝴蝶，栩栩然蝴蝶也。自喻适志与！不知周也。俄然觉，则蘧蘧然周也。不知周之梦为蝴蝶？蝴蝶之梦为周与？周与蝴蝶，则必有分矣。此之谓物化。"[⑧]庄周梦蝶突破了主体与客体的界限，联系的是事物的本质条件。"天"指代着了物，"人"则代表着人的行为，庄子认为人存在于自然大环境之中，是其中的一部分，不应与其分裂开来，违背自然规律、改造自然，应该顺应自然而为之，和谐共存、不为物役、超脱自然。

庄子的"物化"思想并未将天人二者分离开来，而是由于物化思想的萌发，将"天地与我共生，万物与我为一"作为一个完整的组成过程，寻回人的自然本性。既是回归自然的人性解放，也是主体客体间的差别消除。基于对自然属性的认识，融情于山水之间，追求天人合一的契合感。《庄子·渔夫》中有言："同类相感，同声相应，固天之理"[⑨]，寄情山水、感悟生命与人格的升华，也是中国古代艺术的精髓。

（2）虚与实

从整体来看，事物的存在，又从有无之间看事物之间的虚实相生。在虚虚实实中感悟那一份意境，体会真谛。这种虚实结合的哲学思想对古代艺术创作产生了极大的影响。比如国画的留白意境，《画荃》有“虚实相生，无画处皆成妙境”的说法，这种对意境的追求在建筑、园林中也得到了体现。一代美学大师宗白华先生说：“以宇宙人生之具体为对象，赏玩它的色相、秩序、节奏、和谐，借以窥见自我最深心灵的反映；化实景为虚境，创形象以为象征，使人类最高的心灵具体化、肉身化，这就是‘艺术境界’。艺术境界主于美。”“意境”不是孤立的物象，而是表现虚实结合的“境”，表现出宇宙的本体和生命的道。

3. 达生

道家提出重心略物的思想，将主观情感、审美观念、哲学思想述之于艺术再现，倡导与自然共存、无为而治的观念。在魏晋时期视山水为载体，在山水之中畅游，寄情于此是表达自我情感途径的一种。迫于当时政治或其他方面的压力，只有自由想象的空间可以发挥。在形与神之中追求创作者思想的表达与精神自由，这种哲学思想也是中国艺术表现形式的基石。

畅神是由庄子哲学衍生的另一种思想，其基础为庄子的达生说。即摒除外欲，追求心神宁静、释然的心理状态，在对山水之情的感悟中寻找灵魂的自由释放。在与自然契合的愉悦感中，精神得到超越，再通过自已的艺术表达转化为诗词歌赋、书画等形式保留与记录。受畅神论的影响，在山水画中，意的审美传达比形式表现更为突出。

在道家思想的影响下，建筑布局、序列体现出几个特点：首先，对自然的向往，道家思想中对仙境与个人修炼有一定的追求，所以道观类的建筑多隐匿在山中，以达到对“天外有天”环境的向往；其次，因地制宜，自然环境中的建筑体既要与自然环境相融合，又要灵活利用地形布置，随着山形山势巧妙布局，突出以宗教为主题，在建筑上展现道家思想。在自然与建筑结合的过程中，会有大量的结合道家思想形成的宗教性质的景观产生。

道教建筑的选址更是强烈受到宗教影响，产生了基于风水、气候、景观等基本需求之上意味浓厚的宗教建筑。道家讲究风水，注重在山林、水畔等复杂地形里建造，并注重与地形地貌的统一，同时又在建筑形式、审美中体现道教文化，以天、地、人为中心，既在功能上满足需求，又在形式上传达道家思想，在自然环境中和谐统一，将向天、来生的思想推到极致。例如山林道教建筑的选址就有三方面要求：一是基于道教日常活动，道教最早是由黄老道、方化道等发展而来的，一方面道教敬天，对神仙、天宫有一定的向往，是道教的源点。建筑多建于山林之中，云烟袅袅，仿佛置身仙境之中，营造一种静修的神秘气氛。另一方面，道教向往在幽静之处建立一僻静之所，木质建筑与环境互相融合，与道家“道法自然”的思想相符。这种倡导自然无为的心理状态，向往的是广阔的室外空间。二是优美的自然景观，在山野、林间、高山、幽谷之中建造的宗教建筑，无论是视野开阔之地还是重峦叠嶂之间，能够创造似仙似幻的宗教氛围，达到建筑与自然风光相互映衬。三是风水选址，风水学说是道家很具有特色的一门偏支，不仅在宗教选址方面有所建树，更多的是在生活中的阴宅阳宅的普遍运用。这种思想直至今日也深深植根在大众意识中，风水学说存在的意义其实是基本的环境科学在生活中的应用，用简单的科学道理创造有益的人居环境。

界画，在画面表现上工整写实、造型准确，在另一方面也可以为统治者宣扬帝王功德。至宋代，由于统治者的提倡和推崇，界画十分兴盛，大多数画家都会画界画，《清明上河图》的作者张择端就是其中之一。除了《清明上河图》，张择端还有一幅作品也十分有名——《金明池夺标图》，但同时也倍受争议。此图描绘北宋京城汴京（今河南省开封市）金明池水戏争标的场面。全图约有千余人，虽然人物微小如蚁，但仔细观察，比例恰当，姿态各异，神情生动，十分具有艺术魅力。在图左下角的墙上有楷书小字“张择端呈进”五字。虽署名为张择端，但业内对于此画是否为张择端真迹的意见并不统一，但画中楼阁以及空间布局还是很有研究价值的。

北宋京城汴京今位于河南省开封市，宋代都城经过几百年岁月的洗礼和朝代的变迁并未完好地保留，那么如何更好地了解当时的风土人情、了解作者当时所想表达的意图呢？通过查找，在宋代孟元老的《东京梦华录》中找到了相关记录。《东京梦华录》卷七《三月一日开金明池琼林苑》中写道：“池在顺天门外街北，周围约九里三十步，池西直径七里许。入池门内南岸，西去百余步，有面北临水殿，车驾临幸，观争标锡宴于此。往日旋以彩幄，政和间用土木工造成矣。又西去数百步，乃仙桥，南北约数此。往日旋以彩幄，政和间用土木工造成矣。又西去数百步，乃仙桥，南北数百步，桥面三虹，朱漆阑楯，下排雁柱，中央隆起，谓之‘骆驼红’，若飞虹之状。桥尽处，五殿正在池之中心，四岸石甃，向背大殿，中坐各设御幄，朱漆明金龙床，河间云水，戏龙屏风，不禁游人，殿上下回廊皆关扑钱物饮食伎艺人作场，勾肆罗列左右。桥上两边用瓦盆，内掷头钱，关扑钱物、衣服、动使。”[10]与《金明池夺标图》中所描绘的景色相差无二，无论是建筑形式、色彩，还是空间方位都比较符合。

除了在《东京梦华录》中寻找到的与绘画的联系，我们还可以得出很多宗教的讯息。在隋唐佛教民族化形成之后进入了发展时期，政府的强力支持是佛教能够盛行的重要原因。 大相国寺是北宋最热闹的寺庙，是当时京城最大的寺庙和全国佛教活动中心，这在很多书籍中也有记载。《东京梦华录》中有一章专门写道：“相国寺每月五次开放，万姓交易。大三门上皆是飞禽猫犬之类，珍禽奇兽无所不有。第二、三门皆动用什物。庭中设彩露屋义铺，卖蒲合簟席、屏帏洗漱、鞍辔弓剑、时果、脯腊之类。近佛殿孟家道院王道人蜜煎、赵文秀笔及潘谷墨……殿后资圣门前，皆书籍玩好、图画，及诸路散任官员土物香药之类。”[11]

“万姓交易”——佛教的影响力从中可见一斑，不仅通过集市的形式，通过对建筑的描述也可以体现出佛教的地位。由此可见，佛教在宋朝更深入平民、世俗化，但也可以从侧面证明其流传的阶层。在北宋时期，释与道的活动常常是并驾齐驱的，在张择端的另一幅作品《清明上河图》（图2.4）中，道士与僧人的交往活动也得到描绘。这种场景在《东京梦华录》中多次出现，设“僧尼道士”、“斋僧请道”等词汇。僧人与道士之间的交流活动由此可见是比较频繁的。

而道教更是深入到平民百姓家。比如《东京梦华录》中逢节日对灶王爷、城隍的祭祀等，仿佛是家家户户必备的。其中，许多节日掺杂了道教色彩，有些更是道教的特有节日，相对使用率也更高。寻常百姓也参与许多道教自

图 2.4　北宋 · 张择端《清明上河图》局部

有的节日，唐代韩鄂早在《岁华纪丽 · 中元》中就有记载："道门宝盖，献在中元。释氏兰盆，盛于此日。"至宋代，又如《东京梦华录》中的"中元节"一章在最后写道："本院官给祠部十道，设大会，焚钱山，祭军阵亡，设孤魂之道场。"再如书中"十二月"一节中："近岁节，市井皆印卖门神、钟馗、桃板及财门钝驴、回头鹿马、天行帖子。"道教的这些信仰在《东京梦华录》中都得到记载，如目录中卷第八——"四月八日、端午、六月六日崔府君生日、二十四日神保官神生日、是月巷陌杂卖、七夕、中元节、立秋、秋社、中秋、重阳"，其中就有很大部分是道教节日，这与统治者当局的宽容政策和道教长久以来在中国的发展是分不开的。[12]

三、建筑园林意境的升华

与艺术作品高层面的审美情趣相同，建筑是一种具有独特艺术魅力的学科，建筑体的营造不仅仅停留在技术层面，其中的中国文化已融入屋宇、门窗、榫卯之中。在宗教建筑的空间属性中，功能性是基本要素，除此之外，更多的是营造宗教心理氛围。在建筑环境中渲染佛教的宗教意境可以使寺院中的僧侣或来朝拜的大众在精神层面上更容易得到满足。佛教建筑承载的不仅是单纯空间布局、形式以及循序渐进的空间组合，还可以在满足宗教活动的同时又作为宗教的精神载体。二者互相契合，创造具有使用价值的精神场所。

（一）园林禅境的创造

禅宗讲“空”，但这个“空”不等于道家的“无”。“无”与“有”是相比较相对应的，是事物两种互相依存的特性。而佛家的“空”不是“有”的相反特性，我们不能从道家“有无相生”的逻辑辨证层次去理解“空”，而应从“色即是空，空即是色”的本体、现象同一地去把握和体认“空”。基于禅宗之中的思想理论的基础上融入建筑环境之中，通过“形”、“色”等环境禅境与物象之间的联系来创造和实现。

1.形

“松排山面千重翠，月点波心一颗珠”是“形”与建筑环境禅境的创造。从设计手法的层次看，建筑环境禅旨的获得与设置，与带有佛学意义的视觉形象是有关联的（图 2.5）。事实上，建筑环境在当时的文化氛围下，通过人为意向的创造组合能够营造出带有禅境意味的环境。

特殊的植株或动物的形象具有特定的宗教意味，可以说是禅境营造的点睛之笔，如莲花、菩提等。建筑环境中除了自然要素外，人工要素（主要指一些佛教性质或和禅学有关的建筑物）在禅旨的表达方面亦功不可没。寺庙环境自不必说，皇家、私家建筑环境中亦普遍存在这种现象。如唐大明宫内

图 2.5 五代・董源《洞天山堂图》

的麟德殿，唐长安东南江风景区内的慈恩寺、玄奘塔、澄襟院、放生池等，代表了皇家园林、公共环境的这一倾向。私家建筑环境中则常有设禅室、精庐、影堂的，其意亦在沟通禅境。

2. 色

“江流天地外，山色有无中”是“色”与建筑环境禅境的创造。山水画中水墨兴起对唐宋之后建筑环境创作境界有所影响。突破普通建筑环境的限制，通过不同意味的植株搭配创造具有高雅情趣的环境色彩。当然，我们还可以举出王勃《滕王阁序》中的名句“秋水共长天一色，落霞与孤鹜齐飞”作为园林景色浑然一体的禅境注解。清人厉鹗《齐天乐·秋声》中的名句“独自开门，满庭都是月”也是清净之色与禅境相沟通的佳例。

在色彩上，倾向素雅的环境颜色，传达禅境意味。就植物配置而言，翠竹苍松、青苔白莲这些素雅之色在文人或禅僧的眼里，远胜于那些花花绿绿的奇花异草。即使出现了花卉的意象，也是像释迦拈花、迦叶微笑的公案那样，从“性空”的禅观高度进行审美观照和体认的。比如受禅学浸润很深的王维，当他看到芙蓉花时，却是从自然生灭、随缘观空的角度去观照花“色”。建筑环境中以景物之空澄恬淡之色造禅境，构成唐代之后环境意匠的一个重要方法。

（二）观空：空空的独特审美趣味与缘起论

园林审美中，“观空”的意图表达是十分明确的。其实，唐代文人或禅僧在园林审美中关于“空”境的观照旨趣是一个非常普遍的现象。以寺庙园林的自然山水为背景将园林审美的境界提升到一个“空”字，呈现给人一幅明净澄澈、一尘不染的闲客垂钓的图画，透露着行云流水般的自然和怡情适性的优美。以上所讲的“观空”、“寂照”只代表了园林“空”境审美认识的一个层面，并不能代表“空”境的最高层次。或者说“空寂”只是理解“空”境的一个基本入手点，要想真正地切入空境的核心，则必须“借有而悟空”，“融空于妙有之中”。

佛教从“缘起论”出发，既阐发了事物万象的自性空，又说明了事物万象的现象有，奇妙地统一了“空”与“有”。这就是《中观》经典所讲的：“物从因缘故不有，缘起故不无。”所以，如果我们仅停留在“色即是空”的认识水平上，便有“滞空”的执迷，只有进而把这种“空”见也“空”掉，才算达到了“毕竟空”这种清净的“空空”境界。在山水、建筑环境的审美观照中，青原惟信禅师有一段反复被人引述的语录，可作为佛家这种“非空非有、亦空亦有”禅观的形象注脚。以禅境为主旨的山水审美性特质从境界上分三个层次：第一层，初参禅时俗见未破，体现为纯感官主义的认识，自然山水是以外在物质形式呈现在人们面前，不涉佛性，也不具备任何心灵化的内容；第二层，悟到诸法皆空的境界，否定了感官主义。然而却落入了“说空者执空”的局限；第三层，经过二次否定，达到了“空空”与“净有”的真知，这时，这种“色空不二”，“色复异空”的矛盾统一才是真正的大彻大悟。深谙佛道的王维在建筑环境审美中将空有的关系理解得极为透彻。由此可见，在建筑环境审美中“观空的”的禅者，决不拘囿于“寂照”这一“空”的侧面。正如皎然所说：“空何妨色在，妙岂废身存。”若从本体论的角度考察禅佛，则有“如来藏”的境界以喻真如佛性。真如佛性首先表现为清净本然的“空”性（称为“如实空”），同时又表现为能含藏一切清净本然的功德和妙用，故称为“如来藏”（也称为“如实不空”）。“藏”，借喻“胎藏”之义，“如来藏”其实是指虽不以外象彰显却无处不在的佛性根本。建筑环境审美活动中以水月而参证的行为究竟能悟到什么禅旨呢？言“水月”如同言“意象”，主旨在于获得象外之空境。就性质而言，“水月”为“空”，“意象”为“虚”；就结构而言，“月”在“水”中，如同“意”寓“象”里；就方式和目的而言，因“水”而得“月”，类似于借“象”以明“意”。正因如此，禅僧、文人虽然也会时常吟咏参悟天上的月轮，但更多的是去体味体现澄照禅观的却是这水中的明月，这才是主、客体相互映然沟通的含藏之境与灵照之境。这深深地道出了水月照境所传达的“如来藏”禅旨。

《五灯会元》还载：“秀州华亭船子德诚禅师，节操高邈，度量不群，自印心于药山，与道吾、云岩为同道交。洎离药山，乃谓二同志曰：‘公等应各据一方，建立药山宗旨。予率性疏野，唯好山水，乐性自遣，无所能也。……'遂分携。至秀州华亭，泛一小舟，随缘度日，以接四方往来之者。时人莫知其高蹈，因号船子和尚。……师有偈曰：'千尺丝纶直下垂，一波才动万波随。夜静水寒鱼不食，满船空载月明归。'"[13]

这种于水月之中澄明无碍的洒脱心性已实现了建筑环境审美精神的高度自由。在禅境中，无心、无事、无念的禅修准则与社会认知的心理文化结合，衍生了这种具有艺术化倾向的建筑环境审美，便是"逸"境的产生。心不逐水流，意与留云共住，这把不为外境所迁、以动为静的本然禅心状态表达得十分入神。

（三）本质论：建筑环境审美中的"真如"之境

本质论与"净"、"空空"的境界相关联，建筑环境审美中还表现出"平常心是道"的真境。"真"，即为超越生灭心、差别相的永恒本体境界。用唐汉月法藏禅师的解释是："'真'（圆成实）中二义者：一不变义，二随缘义。"

晚唐五代的画家荆浩则提出了"度物象而取其真"的"图真论"。这种与心源相映的适意的自然观就是建筑环境审美中的"真如"之境。山水也好，建筑环境也好，一切景物与内心悠然相映，直证禅道。于是，禅悟之趣与建筑环境之乐越来越融合在禅僧、文人士大夫的日常生活中了。"行到水穷处，坐看云起时"，这行云流水般自在的园居生活本身就是生动自如的禅道。因此大可不必像道家那样地"离形去智"、"离群索居"而求证生存的自由和独立的价值，而是"不离世间觉"，以诗画般的人生情趣去解读建筑环境，并与禅境冥合。

（四）圆融观与园境

圆融观是中国文化中一个重要的精神寄托，是富有圆融文化特点的宗教信仰。"圆"、"圆融"、"圆满"、"圆通"、"圆真"是佛教一系列相通的审美范畴（图 2.6）。"圆"，常指遍于一切现象而没有减缺的真如佛性。

禅佛之学有“转八识以成四智”的说法，即由染转净、由迷转悟的成佛认识过程。“四智”按照由低到高的层次分别为：“成所作智”、“妙观察智”、“平等性智”和“大圆镜智”。其中第四智以大圆镜做比喻，是进入佛境的象征；达到这种境界能体性清净，毫无杂染，能照彻万物，映现一切。

大珠慧海禅师对“大圆镜智”的解释是：“湛然空寂，圆明不动。”在建筑环境审美中，这种“圆”境体现为置身于山水林泉、沉浸于佛影禅意而得到的永恒自由和通明无碍。而且，这种“圆境”可以找到一个最为妥帖、最为精妙的自然物象来显现佛理，那就是明月，一轮独耀中天、皎洁晶莹、清澈灵动的圆月。再如宋双岭化禅师的名偈：“翠竹黄花非外物，白云明月露全真。”更有趣的是宋僧惟政“水中玩月”的故事：“（惟政）好玩月，盘膝大盆中，浮池上，自旋其盆，吟笑达旦，率以为常。”可见，月之“大圆镜智”的寓意已成为古典建筑环境中一个非常经典的审美意境了。

图2.6 唐·王维《辋川图》

四、品·境的文化认同

（一）品格：人品与画品的表现

1. 品质：本真、人格论

在山水画艺术风格的影响过程中，这种艺术格调受到了文人墨客的青睐，其中隐藏的精神因素与高尚的人格更是这种艺术形态广为流传的原因。山水画是一种作为精神载体的艺术形式。通过另一种艺术语言表达理想人格，在当时的社会背景下通过山水意向的方式建立人文关怀上的自由、本真的生活方式。在此，我们对山水画中的品格进行分析：

首先，受到天人合一等文化的影响，中国人对自然有着独特的亲近感，将人格中崇尚自由、高尚的品格付诸实践，追究极致的精神自由，隐匿于自然之中，完善自我人格，通过艺术创作的方式提升精神境界以及审美情趣。其次，以先天自身成长为基础，在参与社会性实践的过程中产生的人格特质。这种人格特质的产生是创作者个性的体现，是心理活动的映射。同时也制约着创作者艺术作品的精神传达和审美体现。大多数文人是具有人文关怀精神的，表现出重生、乐生的生活态度。正是这种隐性的心理层面的影响铸就了山水人格的特质。还有社会特质影响文人群体在社会中所占的角色与对社会群体产生的影响，与高度集中的君主专制不同的是，这种文人群体追求的是安谧和谐的生存状态。在创作的过程中，精神境界得到了提升和心理上的愉悦。其审美层面的改变也令艺术认知风格、色彩倾向产生变化。在客观上，是人格的提升。如虚实结合的创作方式，是对以身心、精神愉悦为创作目的的山水画审美的认知，在艺术活动的过程中成为提升自我的一种方式。

在宗法制为纽带的古代伦理关系中，高度君主集中制会压制个人人格构建以及独立性。在这种特定的社会环境之下，追求人格独立和自由的文人心理是得不到尊重的，因此对精神的无限追求转而在艺术创作中抒发，成为回归本真、自由的精神世界的方式。满足文人化心理的需求，实现自我价值。

所以通过这种心理过程的艺术创作是弥足珍贵的，寄情于山水之间更是创作者高尚人格的体现，在挥毫之间肆意挥洒的也是创作者的自我精神。作品被赋予人格化，画面传达出与精神相统一的创作目的。也就是说，创作者的创作动机与画面中的景物融为一体，相互成就了创作者的人格特质与画面特点。

中国文化的人格特征，由比较稳定的生产生活方式所决定，中国先民奠基的人格特征主要体现为主体意向性。以采集为主的生产、生活方式是相对稳定的，其所需要的感知观察的立场是自我中心性的。这种生产与生活方式获取食物的过程比较容易，对生产工具的要求低而且获取方便，人们还可以根据需要进行随意的加工、改造。与此相适宜的思维活动也就有了追求简便、灵活、实用的特征。而观察立场的自我中心性和从自我的需要出发加工制作生产工具的思维活动，使得中国先民的认知风格具有了典型的主体意向性。其最基本的特征就是以自己的意愿和思想去投射、阐释外部世界，并在与对象世界“和合化一”的过程中对之做出合乎自我意愿的目的性解释，认知过程中伴随着强烈的情感和想象色彩。这种主观化的认知方式所关注的重心是外在信息与自己的价值关系，而非对象本身的特征与事实。从自我出发向对象做情感或是意念投射的思维特征虽然是人类初年的共有特征，但只有中国，因其初年的生存环境和相应的生产生活方式等条件决定，多种生产资料在获取时需要依靠自身的感知力来分辨事物特征，在过程中积累的认知经验转化为民族特点，在感悟对象的过程中体会玄奥的精神联通。

在地理环境因素与生活生产要素等条件的综合发展的过程中，产生了这种对天地敬仰，在俯仰之间对万物感知与共存的意识，形成了认知事物的对立两面的思维方式。自然不仅仅是对立的关系，更是相互依存、互相转化的过程，在此之上发展出了二元的思维方式，也就是圆形化倾向。存在于同一个整体中的事物具有多面性、复杂性是必然的，与西方哲学思想不同的是，在中国古代哲学中最具有代表性的就是太极图。太极图寓意阴阳流转、相互制约、互相融合，共存于同一个大环境中。太极图也十分典型地象征了中国人的行事方式及思维模式，深深植根于中国人的意识和认知中，使得中国人的人格活动显现为典型的场依存性特征和重情感与直觉体验、重整体的功能动态的主体意向性特征，这些特征影响并制约着中国人在各个领域的社会实践，艺术也不例外。而且作为传统文化最主要的继承与弘扬者，中国古代山水画家对传统文化的认知方式和人格结构取向继承得最彻底，运用得最充分，也最具有创造性。山水画家与自然的高亲和性、其对“静”与“玄”的崇尚以及其心理机制的灵活等特征都是中国传统文化人格建构取向和认知风格的具体体现。

2. 画中格调：建筑的对比性解读

在西方的艺术体系中，对形体的描绘十分精到。尽量在形体上追求极致，用类似于雕刻的方式对形体进行精雕细琢。无论在绘画中还是在雕塑中，形体塑造都是最重要的一层，用写实的方式描绘出对事物的认知。与西方不同的是，东方绘画以抒情写意为主，这种差异是由不同的地域文化导致的，也是艺术的侧重点不同。不同的建筑形式是差异的体现，西方建筑以形态为主，具有强有力的体积感，巨大的石柱、高耸的屋顶、雕刻式的建筑，给人以观赏的美感。这种不同于东方的审美趣味在建筑形态上表现得淋漓尽致，对体积、形体的追求在建筑雕塑中都有所体现，所以西方建筑多以雕塑为典型。而中国的建筑是以点线面结合建筑群的方式展开的，亭、台、楼、阁都是点线面的构成元素，透镜、框景、移步换景等都是以绘画为基础的景观意向布置。并且因其绘画性，便非常注重线在景观建筑中的应用。线的变化就是建筑的气韵变化，线性布局的手法能够将人置身其中，深入的感受它，使人犹如在

图 2.7　宋·郭忠恕《雪霁江行图》分析图

图 2.8　宋·佚名《松阴庭院》分析图

画面中游览，在疏密变化中感受神韵。不同于诗词歌赋、书画等艺术形式，建筑由于基础功能的约束，不能完全自由地表达艺术意境。但也正因如此，建筑在生活中和与人的交往中占有重要地位。所以建筑的意境表达是人赋予的，与自然环境的融合，与建筑意境的表现都是建筑意的表现形式。在诗意和画意之外，还使他感到一种建筑意的愉快。

建筑与环境两者相互融洽、转换（图 2.7 和图 2.8），是早期的园林特点。在古典园林中博其所长，是对传统园林的继承，也是对现代园林设计的启示。建筑艺术是一门凝聚了人类智慧与艺术的学科，是存在于物质的美。未来建筑的发展趋势是不可预料的，而建立宜居环境更是设计师的使命。在建筑发展的道路上，古典园林是不可跳过的重要章节。

（二）品境：对绘画、建筑环境和意境的追求

中国所诉求的是背后更深层的精神内核营造的人居环境，接受四周自然给予的静和的环境，在山水画中寻觅古人理想的栖居环境。中国古代山水画中对人与环境的关系做出探讨，以艺术认知的方式、以古人的角度探寻古代理想居住环境。与写自然之美的西方风景画不同，中国山水画是为山水画家精神服务的“写心”的艺术，其从诞生之日起，就是画家张扬自我生命精神、修炼自我人格的主要手段。中国人人格的主体意向性和象数性特征决定了中国绘画具有“重意轻形”的审美倾向。另一方面，重整体、重对象关系的思维方式，又使山水画家的创作目标在于表现山水自然的整体气象（图 2.9）。而要表现山水大物的整体形象，就只能用抽象概括的手段“以虚求全”，其实质就是表现出画家心理上的“山水之全”，它是主观的，是画家自我人格与境界的投射与象征。

基于上述两个基本原因，中国山水画的审美理念必定是“重意趣、轻形似”。无论是早期“以形写形，以色貌色”说，还是唐宋时期“形神兼备”的创作主张，抑或是宋元文人山水画的“似与不似之间”论，其基本思想都体现了山水画家对自我的主观意趣的重视与强调。但是，中国山水画关于形象塑造问题的

图 2.9　宋·佚名《滕王阁图》

思考与论述，既不同于西方传统风景画的写实论，也不同于西方现代的抽象派绘画，中国古代山水画以写意为根本，但又从不忽略形象的塑造，它是一种“意”与“象”交融、统一的艺术形式。“意”是画家的主观情思和人格追求，是在画家心灵中涌动着的生命精神和审美意识。“象”是自然物象的形貌特征，它是山水画家在长期的写生实践中反复提炼的结果，是经过了山水画家主观情感的润染。“取之象外”的概念远取老庄，近受玄学的影响。“大象”超越了具体的形态与束缚，达到自由的精神意向，认知在艺术表象之外的意向。“取之象外”是重“神”而略“形”。孔子曰：“道不远人。人之为道而远人，不可以为道。”道与人是互不分离的，人只是为了道而寻道，却更不得道。这样一种“意”与“形”的思想观念一直影响着中国绘画的发展。

（三）品逸：创作主体的生活态度

从两宋开始，山水画的作画手法提倡立意是创作之本。顾恺之在《论画》中说道：“巧密于精思，神仪在心”，即绘画造园首先要考虑立意，画家、造园家要在建筑环境中因地制宜。《园冶注释》中记载：“凡造作必先相地立基，然后定其间进，量其宽狭，随曲合方，是在主者能妙于得体合宜，未可拘率”，[14]可见只有经过相地合宜，立意规划后，方可相形度势，扬长避短。

不同的布局手法表达不同的意境营造，使用不同的表现技法才能巧妙地融情入境。比如表达壮丽宏伟的景观与表示淡泊的园林景观在树种的选用、景观的布局都使用不同的景观方案配置。游览其中得到某种心理暗示，产生象外之境。将复杂的心理情景高度概括在景观中还原再现，展现出意境之美。

以部分象征整体，实现造园者以“情”造境。这种象征手法是造园者常用的手法，山水画也称为比兴。“比”是当下情境与自己情感相吻合，产生共鸣，景色承担了创作者的情感。“兴”则是情景相融，使自然脱离无形状态，流入情感于其中。

图 2.10　北宋 · 郭忠恕《明皇避暑宫图》

“逸”中有“简”“淡”“清”“远”。逸出于意，“简”“淡”“清”就是这样整体的意象之美。既重意象，必然不拘以“形似”。逸使意境表达不再拘泥于形，而是在形体之上表达出意境，以“真与不夺，强得易贫”这样自然的方式表达超然的精神，这并不是将形搁置，而是超脱于形的形式。以意达逸，“拙规矩于方圆，鄙精研于彩绘”，宋代以后，文人画家更重传神与寓意的表现。

在唐以前，以生活情景再现之上，强调形神兼备。到了宋时期，苏轼将“神”置于写实与形似之上，是形神理论一次重要的历史转折。宋代以后将“韵”发展起来，史称宋元为“文韵论的时代”。这反映当时社会的审美观点，频繁地出现在宋元时期的书画作品之中。在精神传达中，“逸”是书画作品表现的主要思想。在品第之中，逸格属上品，在精神之上，逸有其独特的精神境界（图 2.10）。

恽向《跋画》说：“逸品之画，以秀骨而藏于嫩，以古心而入于幽，非其人，恐皮骨俱不似也。”“逸”是摆脱世俗心，是闲放的精神品格，是不流于俗事，是一颗鄙夷世俗之心，是置于世外不为物役的“野”。从绘画上来说，追求不求形似的“逸”并不是将形搁置。一是以形散的绘画手法来表达，二是画面以传神为主，传达胸有逸气的情感。从美学角度来讲，“逸”的存在正是以游戏的态度脱离世俗，崇尚自由。

五、主体意向性的媒介表达

（一）迁思妙得：主体意趣和情感追求

在现代景观设计中，古代山水画中的“迁思妙得”理念被应用于现代人与自然的交流，将主观情感介入理论与实践的对立之中，提出“山水城市”的理念。在经过设计师、规划者对城市环境、天文历史、文脉的统筹后，将主体精神及本真情感相融，创造理想的现代化栖居环境。“迁想妙得”是一种抽象化的概念，在把抽象概念转化为实践的过程中，只有将情感融入历史

图 2.11　南宋・刘松年《四景山水图之三》

文脉，传承历史、以意向化为目的，才能创造出具有丰富情感体验的山水城市。

与西方艺术观察事物的角度不同，东方艺术更多将目光投身于事物本质与意向性思维结合的过程。在主观与客观相结合的抽象意识下的艺术创作，比单纯物化的图像无论在情感上还是思想上都更复杂（图 2.11）。“故示以意象，使人思而咀之，感而契之，邈哉深矣”产生“窥意象而运斤”的艺术表现手法。这是创作者与艺术品发生一种“物我感应”的过程，这种经过了创作者思想意向化的艺术作品因注入了主观情感，而使艺术形象更加饱满。

在谋求理想栖居环境的同时，突破了园林景观物象的枷锁。探索更广阔自由的精神彼岸。对于山水城市理念，我们向往有深度、有历史传承、有精神共鸣的意向性的自然山水环境。《画山水序》中也提到：“夫理绝于中古之上者，可意求于千载之下”。

（二）文人画与文人风骨

自古开拓山林以来，至现代人的“退耕还林”，自然环境从未走出我们的视线。在春秋战国时期，老庄思想中已经有对回归自然的向往，后至唐代，人们追求更舒适的居住环境，追求自然景观的再现。在山水画等艺术文化兴起的同时，这种艺术性也被社会所认可。如王维的《辋川集序》和白居易的《庐山草堂记》都记述了当时的建筑环境，反映了文人们向往自然山水的思想境界。一方面表现出当代文人向往创造自然的、文人化的园林，另一方面也从侧面体现了当时社会对这种园林形式的认可。园林与建筑相互渗透，唐代园林中多以堂、亭、桥为入，至五代、宋时期，绘画作品中可看出园林中多出现亭、草堂、园石等。人的居住环境的改变在画面中有迹可循。建筑在山水画中频繁出现，也说明建筑与自然结合的居住环境是当时社会的栖居潮流，五代至北宋时期的文人画中多出现草堂，对草堂的描绘也多为细腻，体现文人淡泊的思想。

注释

① 引自《庄子》，(战国)庄子，北京：中国华侨出版社，2012.10, 第 395 页、36 页。
② 引自《周易》，郭彧译，北京：中华书局，2009.11，第 37 页。
③ 引自《吕氏春秋》,(战国)吕不韦,王启才译,郑州：中州古籍出版社 2010.7,第 162 页。
④ 引自《四书五经（礼祀·王制）》，韩路译．第五卷，沈阳：沈阳出版社 2013.6, 第 264 页 136 页。
⑤ 引自《礼记》,(西汉)戴圣编，刘小沙译．北京：北京联合出版公司，2015.7，第 34 页。
⑥ 引自《道德经》，开泰译注．北京：中华书局，2014.7，第 27 页。
⑦ 引自《历代名画记全译》，张彦远，贵州：贵州人民出版社，2009.3，第 531 页。
⑧ 引自《庄子·齐物论》，沈延国等，上海：上海人民出版社，2014.5，第 67 页。
⑨ 引自《庄子渔夫》，孟庆祥等译，黑龙江：黑龙江人民出版社，2003.1，第 15 页。
⑩ 引自《东京梦华录》，孟元老，王永宽注译，中州古籍出版社，2010.6，第 123 页。
⑪ 引自《东京梦华录》，孟元老，王永宽注译，中州古籍出版社，2010.6，第 58 页。
⑫ 引自《东京梦华录》，孟元老，中州古籍出版社，2010.6，第 145 页。
⑬ 引自《五灯会元》，（宋）普济著，苏渊雷点校，中华书局，1984.10. 第 16 页。
⑭ 引自《园冶注释》，（明）计成著，中国建筑工业出版社，1988.5. 第 47 页。

参考文献

[1] 庄子 [M]. 北京 : 中国华侨出版社 .2012.
[2] 周易 [M]. 北京 : 中华书局 ,2009（11）. 第 1 版 .
[3] 吕氏春秋 [M]. 郑州 : 中州古籍出版社 .2010.7.
[4] 荀子 : 大略篇 [M]. 北京 : 新世界出版社 .2014.
[5] 四书五经礼祀·王制 [M]. 沈阳 : 沈阳出版社 .2013.

[6] 老子 [M]. 北京 : 中华书局 .2012.
[7] 道德经 [M]. 北京 : 中华书局 .2014.
[8]（东汉）许慎 . 说文解字 [M]. 北京 : 中华书局 .2012.
[9]（宋）孟元老 . 东京梦华录（修订版）[M]. 贵阳：贵州人民出版社修订版 .
[10] 程孝良 . 论儒家思想对中国古建筑的影响 [D]. 成都理工大学 .2007.
[11] 苏琪 . 中国古代山水画家人格论 [D]. 山东师范大学 .2007.
[12] 初冬 . 复归“山水”从山水画到“山水城市”的可能性探析 [D]. 天津大学 .2012.
[13] 童淑媛 . 时空融合观念下的中国传统建筑现象与特征研究 [D]. 重庆大学 .2012.
[14] 程孝良 . 中国古建筑的社会学含义 [J]. 成都理工大学学报社会科学版 .2007.
[15] 吴国强 . 道家思想在中国设计文化发展中的历史作用与当代影响 [J]. 郑州轻工业学院学报 .2013.
[16] 余俊 . 从园冶看中国古典建筑中的结构主义审美 [J]. 安徽建筑 .2014.
[17] 范金民 . 姑苏繁华图 : 清代苏州城市文化繁荣的写照 [J]. 江海学刊 .2003.
[18] 赵晓峰 . 禅与清代皇家园林——兼论中国古典园林艺术的禅学渊涵 [D]. 天津大学 .2000.
[19] 连洁 . 浅析禅宗对园林意境营造的影响 [D]. 南昌大学 .2013.

第三章

山水画创作方法
与建筑形态构成方法的比对

一、艺术学视角下的建筑学的创作技法

（一）建筑学的科学基础与环境的必然联系

“建筑、人、环境”是一个系统的观念，建筑的使用者是人，而人又生活在不同的环境之中，所以说环境是建筑的基础。我们在建造所有种类的建筑时，都应对人类生活的环境同时进行构建。

“因也者，舍己而以物为法者也。”[①]无论是在明末计成所著的《园冶》中，还是明代文震亨的《长物志》中都有“因”字的体现——“巧于因借，精在体宜”。在中国传统建筑建造技法和中国画绘画技法中，有“因势论”贯穿整个绘画设计过程。

远古时期，中华民族就对自我的生存环境有一定的认识。这是由于我国进入农耕文明较早，古人在数千年的农耕生产生活中了解到天时、地利等自然条件对于人的制约影响。在“万物有灵”的观念下，与人类生产生活密不可分的自然现象——天父地母、日月神灵成为了当时百姓们为了生活美好而“祭祀”的对象。

“天行有常，不为尧存，不为桀亡。应之以治则吉，应之以乱则凶。”[②]上述古文中的记载，可以得出结论，我们的先祖对于大自然保持着感恩的想法，经过数千年历史文化演变，在思想哲学学说中体现为“天人合一”。在城镇部落的组织和绘画布局中，表现出对自然的重视和顺应，并且积极地与自然环境进行融合的意识。

1. 人道合一的环境基础构成观念

“何谓人与天一邪？”仲尼曰：“有人，天也；有天，亦天也。”[③]；“天地与我并生，而万物与我为一。”[④]这些论述都是强调天人相符，力求探索天道与人道的相通之处，以求达到天人之间和谐统一的境界。这种代表着天人之间合二为一的观点引出了当时人们对于顺应和因循大自然基础规律的初

级认知，激发了在将建筑设计和绘画过程中对于人与自然环境之间交互联系的高度重视，这种顺应自然、重视自然的观念，形成了建筑城邑群落与自然环境交融的理性传统，促进了中国画绘画审美法则的形成。

2.“藏风聚气，得水为上”的理想环境构架

“藏风聚气，得水为上”的完美环境理念是由“四灵之地”背山面水的特征衍化而来的。

青龙、白虎、朱雀、玄武组成四灵，金、木、水、火、土构成五行，地理位置上对应五行四灵的方位，组成“四灵之地”，将“四灵”具体化为山川、河流、道路、湖池等环境构成元素。这种构建模式是山野乡居、村庄聚落、城市邑户和陵寝墓地的通用理想模式。因为中国位于地球的北半部，是坐北朝南的格局，背靠山水的城邑部落布置，很明显具有良好的日照、通风效果，利于取水和排水，能有效地防治洪涝，阻挡寒冷气流，交通便捷，对于植被的灌溉和滋润、水产养殖等农林牧产业的发展有极大的促进作用。这种金带环抱、绿草如茵、层峦叠嶂、碧波潋滟的自然环境，形成了极其美好的心理空间和景观画面，体现了中华上下五千年世世代代开发人居环境的历史经验。

3.“因着天时宜合地利”的环境使用方式

“农夫朴力而寡能，则上不失天时，下不失地利，中得人和而百事不废。”[⑤]荀子在从农业生产角度阐述天时、地利与人和的问题时，并没有区分哪一项更加重要，而是着重提出了三者并重，缺一不可。在中华五千年的人居环境构建中，同样有不少是信奉天时与地利的切合，而前文所提到的“人道合一”也正是天时、地利和人和相融合互利产生的融洽境界。

中国山水画、界画中所描绘的建筑地形情况各异，有层峦叠嶂的山坡、有植物葱郁的平原、有秀色宜人的水岸、也有陡峭险峻的峰顶。而在每一幅山水画中的建筑与基地都能够完美地融合，为山水画画龙点睛，却也向我们展示了古时建筑与基地周围地势环境的契合关系。

（二）艺术创作方法的构成关系

从基础上说，艺术的创作方法应该涵盖三个层次：其一是创作精神，即为体现创作艺术与实际联系的灵魂精髓；其二为艺术原则，即是创作理念所表现出的出发点和归宿的体现；其三是表现手法。

中国画绘者的作画过程并没有统一的法规，作画时所用的技巧之法也并无固定不变的要求。中国的画家即便都使用相同的毛笔进行绘画，但因为每位画家的用笔技法、用墨浓淡和绘画时所要表达的意境情致的不同，使画作最后的效果也有着个人独特的风格气质。从流传下来的画卷中可以看出，绘画的技法是因人而异的，是不断成长的，并越来越完善成熟的。

（三）传统画理与古典园论

绘画的美学理论，早在春秋战国和秦汉时代便已见端倪，诸子百家都有关于美学理论的见解。但真正意义上的绘画美学的构成，应该是在魏晋期间。

中国画在绘画技法上十分重视笔墨，运用墨色和轻重色彩，通过钩皴点染、浓淡干湿、阴阳向背、虚实疏密和留白等绘画表意的技巧手法，来描画物象的经营位置、取景布势。

1. 先秦至两汉：老庄孔孟

审美观念的体现首次出现在《尚书》一书。

《老子》提出“知其白，守其墨，反五色”，推崇质朴，提倡黑白色彩观，追求自然的意境审美观。绘事后素、尽善尽美，在孔子看来，美与善必须是相辅相成、相得益彰，所以美术作品就要既有美的形式蕴藏其中，又有善的内容琴瑟和鸣。

《庄子》中强调了对于美的理解，人应该树立正确的心态，而这种正确的心态不管是应对书画还是学习都是适用的。

2. 魏晋南北朝：圣人含道映物，贤者澄怀味象

魏晋南北朝是我国审美意识成长的一个极为重要的历史阶段。在形而上学思潮和人物品藻民风的直接影响下，绘画理论逐步构成系统。

此时被列举的美学命题有：以形写神、传神写照，在画作形体的基础上夸大神似的作用；气韵生动，反映出形神关系的进一步提升；含道映物、澄怀味象，将审美主体与客体紧密联系在一起，主体的精神境界和情感得到了高度的重视。

顾恺之有迁想妙得之法，“迁想”即画家在作画前要先观察研究绘画内容，深切体会、思考绘画对象的情感意味；“妙得”即通过迁想得出的结论，明确地理解掌握客观内容的性质特点，再经过思考剖析特点得到生动的艺术构想，做到匠意于心。宗炳在《画山水序》有“圣人含道映物，贤者澄怀味象”⑥，提出山水画体现了画家主观层面的思想意蕴，是富含哲理、规律、智慧的方式。谢赫六法中以“气韵生动”为首，指画作给人以表现出来的与人的情感共鸣的韵味；“骨法用笔”的“骨法”即用笔要沉着坚定有力；“应物象形”是教导画家绘画出来的对象应该与它的客观物体形似；“随类赋彩”是说作画的色彩，赋通敷，“赋彩”即填色；“经营位置”是指作画构图的方法，“经营”，原指营造、建筑；“传移模写”指的是临摹画作的技能，是相对画家基本功修养而言的。

3. 隋唐五代：外师造化，中得心源

隋唐五代时期，社会经济蓬勃发展，中外文化交流频繁，促使绘画艺术繁荣发展。“意在笔先，画尽意在”，是指画家下笔之前在心中酝酿好艺术意象，在作品完成后又能表现出无尽的意蕴；“神、妙、能、逸”四品说逐渐成为以后评论画作的基本方法；“妙悟自然”主张审美主体在欣赏画作时，充分发挥创造性想象，通过感性直观的方式体悟画作的气韵之美；“外师造化，中得心源”，意思说画家师从大自然，在绘画创作中投入内心的感悟。这些命题的出现，对绘画创作中主客观之间的矛盾，给予了解答，既反对客观师物的机械倾向，也反对主观师心的片面性。外师造化，中得心源的美学思想是隋唐时期绘画美学的核心。

4. 宋元时期：诗画本一律

宋元时期，绘画艺术进入了全面发展阶段。自北宋起，文人画阵容渐起，至元朝而强大。受文人画风潮的影响，此时的美学命题更加强调艺术作品的恬淡虚无、气韵备至的意境，绘画风格更加传神写意。

逸格最难，将唐代独立于三格之外的逸品置于四格之首，突出了逸格的地位；以林泉之心临之，指的是以淡泊真挚的胸襟情怀去欣赏山水和山水画，才能真正体会到山水之美；士人画取其意气所到，倡导绘画在意韵表达上应具有特点，不特意进行对形状相似性的追求，以神统形，表露作者的情感；诗画本一律，强调画作之中蕴含着绘画者的神情意趣，给人以诗一般的情致。

苏轼在绘画理论上相对于形象更加重视神意，倡导笔外韵致，为文人写意画的发展提升声望。《书鄢陵王主簿所画折枝二首》中说“论画以形似，见于儿童临”，“诗画本一律，天工与清新”⑦，所谓“诗画一律”是说诗与画虽然是不同的艺术形式，但它们从根本上又是相通的，画中往往蕴含着诗的精神，诗里面也常常流露出画的意境。

5. 明清：巧着运墨，气韵流转，山水我性，逸趣横生

明清期间，绘画界百家争鸣，不同画科全面发展，题材繁多。这个时期美学命题更加成熟，在总结和发展前人思想的基础上，主客兼顾，强调作品的个性特征。不求形似求神韵，提出作画旨在寄兴遣怀，表达出一种活生生的韵味；画分南北宗，将禅宗的抽象思维与绘画的具象画风相对比，把画法分为南北两宗，为山水画创作寻找到新的理论道路；师古人与师造化，既要从古人的作品中吸取经验，也强调在天地自然中观察锻炼，获得亲身体验；一画论，将绘画艺术提升到哲学本体论的地位，从宇宙万物的本体层面对绘画艺术的本质进行考察；我之为我，自有我在，强调在艺术创作中追求个人的独创性、创新性；无画处皆成妙境，即画中留白，主张以空白烘托画面的主体，大大增加了画面的意境，使画作意味无穷。

二、置陈布势与观物取象

东晋顾恺之提出置陈布势，之后又有南朝谢赫在他的画论“六法”中提出经营位置，这些画理画论的提出都能够证明，中国山水画的构图布局，就好像中国古代兵法中的排兵布阵，画面之中物象与物象之间存在主宾、疏密、浓淡、虚实等关系，这些关系都需要进行精心的安排。在创作的开始必先立意，然后安排组织章法，构思是确定“意”的过程，构图则是确定“形”的过程。在建筑形态学的构成中存在着点、线、面、体的构成关系，这些关系组成，同样是需要通过建筑师缜密的思考，得出最佳的方案。而建筑形态学中的点、线、面、体的构成关系又正和绘画过程中的置陈布势有异曲同工之妙。

观物取象是一个对物象进行探访认知的过程，同时也是一个对物象进行重新组织和创建的过程。宗白华指出：“俯仰往还，远近取与，是中国哲人的观照法，也是诗人的观照法”[8]，即体现了观物取象的命题所包含的仰观俯察的观物方式。

（一）天地为栋宇，深山藏古寺

画院史中有“深山藏古寺”的典故。画师想要成为宋代画院御用画师是要通过极为严谨的考试，而“深山藏古寺”正是当时的众多考题之一。面对这个考题，大多数的画家选择了借用山峰、树林、云雾来遮挡古寺，在画面上露出古寺一角应对考题。但有一位画家并没有画寺庙，而是想到画一个和尚在山中挑水来反映山里藏有古寺。中国的建筑群有很多室外空间，西方建筑群中也有与人毫无关联的室外空间，但在中国“天地为栋宇”的观念下，所有空间都与人类的生产生活息息相关。所以，中国建筑群落的修筑从来不是脱离自然的，因为在中国的建造思想下，“建筑”的意义不仅仅是指代有人生活在其中的现实的房子，同样也被赋予了更深的内涵——“以天地为栋宇”的大自然观念（图 3.1~ 图 3.6）。

从消极层面看，中国建筑不强调突出自己，尽管在围墙内的各种建筑形

图 3.1　唐・王维《雪山行旅图》　图 3.2　北宋・范宽《雪山萧寺图》

图 3.3　北宋·燕文贵《溪山楼观图》　　图 3.4　元·马琬《雪冈渡关图》

图3.5 元·王蒙《层峦萧寺图》 图3.6 明·杜堇《山水人物图》

态各异，但墙外却更加趋近安宁沉静，所以深山之古寺应曰“藏”；中国建筑主动地将自己与大自然相融合。当时的文人大多数徘徊往复于“出世”与“入世”之间，而他们在建造自己的住宅时，多会选择市井中或者城外郊区的位置，这样的选址既靠近城市又亲近山水。同时，这些文人大多选择在屋外营建仿造自然而成的山水林园，既不影响仕途的发展，又可以和亲人共享天伦之乐，还可为告老还乡做退隐的准备。

《小园赋》中有一个壶公的故事，是说从前有一位卖药的老翁，在市罢跳入壶中，壶里的世界有山有水、亭台楼阁，这个具有神话特点的故事，向听者展现了古时候文人墨客对于山水的寻求情怀。而在古代，文人墨客在城市之中建造居住园林，所求并不是其房屋的富丽堂皇，而是要亲近自然的“山为贵覆，地有堂坳”，并辅以院墙将空间围合，大门常闭，在喧闹的红尘中创造出一个幽静安宁的桃源仙境。大多数文人都维持着知足常乐的心态，在他们自己所创造的壶中天地怡然自得。

北宋佚名的《雪麓早行图》，画中寺庙群隐约地在茂密的深山树林露出屋顶，沿着上山小路依次布置山门—钟鼓楼—天王殿—大雄宝殿—法堂—寺塔，用南北纵向轴线来构成空间。前后建筑起承转合均围绕这条中轴线，前后呼应、气韵生动。中国传统寺庙建筑的审美之处就在于寺庙对四周所在环境——群山、松柏、流水、殿落与亭廊之间的相互呼应，内敛而又含蓄，展示出和自然融为一体的景观物象组合变幻所赋予的静谧、安宁的意韵。

从现存下来的著名古寺大多藏匿在名山大川之中可以看出，传统的宗教建筑基本都属于“深山藏古寺”的类型。寺庙和庙外只是使用镂空的门窗阻隔，山墙处甚至是开敞的，这是在故意地模糊内外空间界限，使室内外景致相互融合联系。宗庙的殿堂、门窗、游廊等建筑设施都有侧面开放，形成一种动静相生、虚实掩映的通透效果。所以宗教建筑才会有大量的室外空间，是要体现融入自然之中，而不是将自然排斥在外，“深山藏古寺”的意蕴就在于对那一份内敛含蓄意味的表达。利用参数化（Revit Building）对古代建筑和外部的地域环境进行科学分析研究的实践证明：参数化这种科学性的严谨数据对于研究山水画这一感性表达为主的绘画形式有很好的科学辅助研究作用。

1.《匡庐图》深山藏古寺的成像分析

空间定位

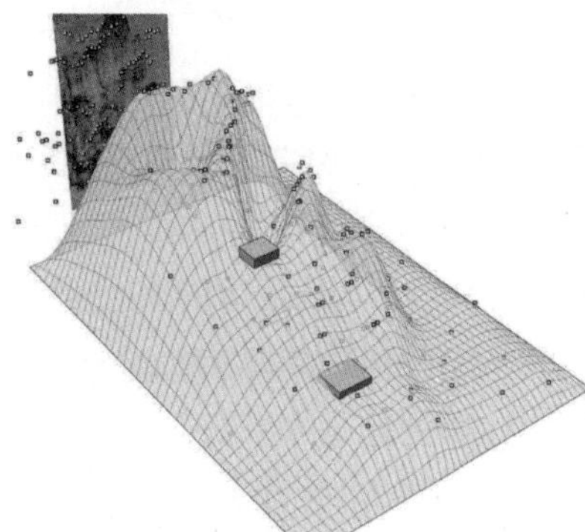

移动空间定位点

古画贴图（一）

古画贴图（二）

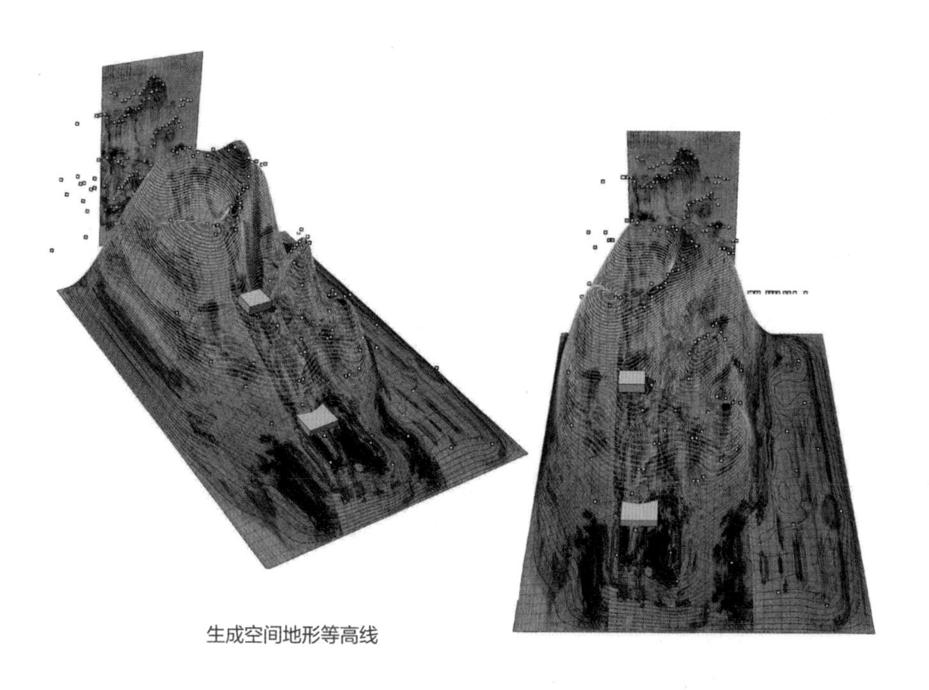

生成空间地形等高线

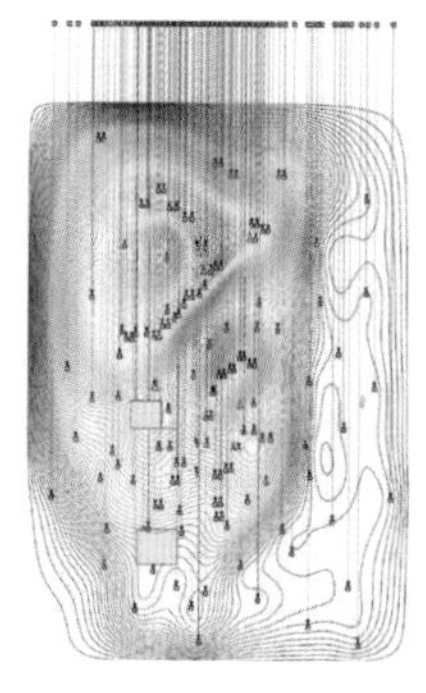

古画空间基础点与等高线关系的相同处：
1. 出现与等高线曲率较大的位置；
2. 出现在山腰；
3. 出现在蓝绿与黄绿的位。

从顶视图观察等高线趋势与建筑关系

2.《秋山琳宇图》深山藏古寺的成像分析

空间定位

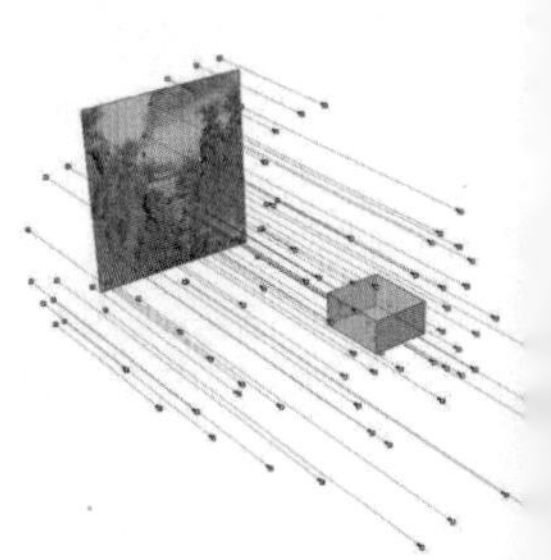

移动空间定位点（一）

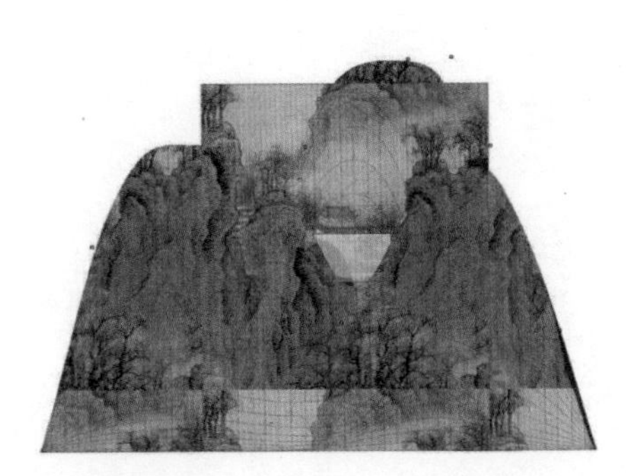

地下与建筑关系

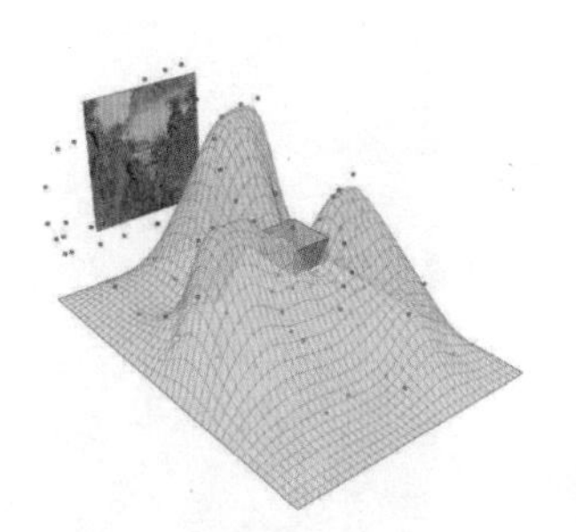

移动空间定位点（二）

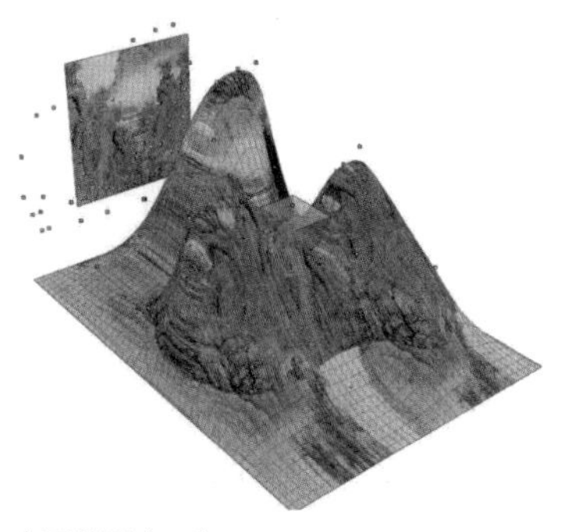

古画贴图（一）

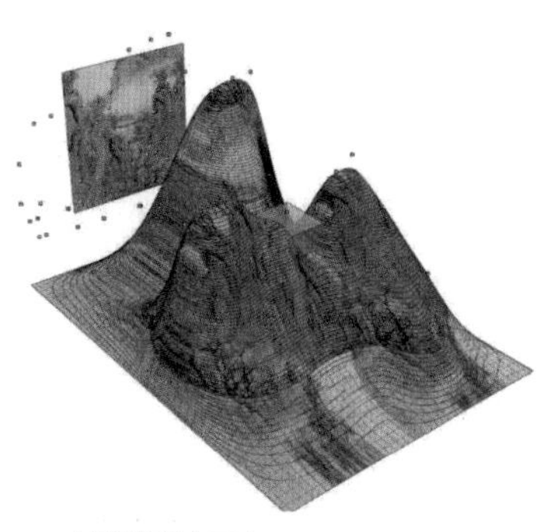

古画贴图（二）

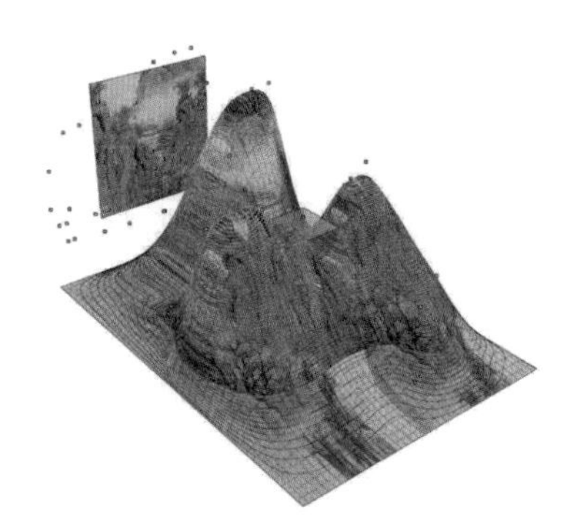

生成空间地形等高线（一）

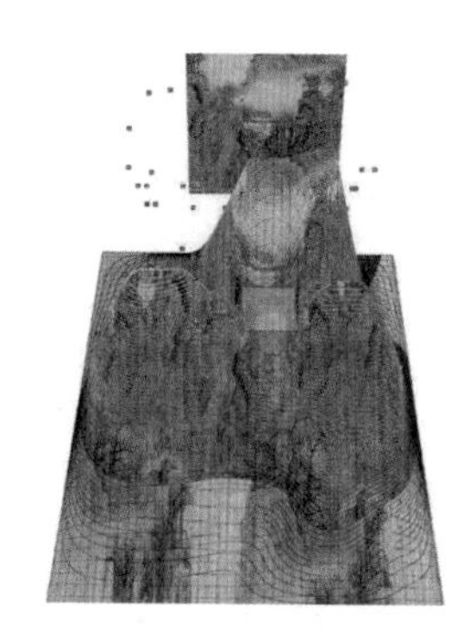

生成空间地形等高线（二）

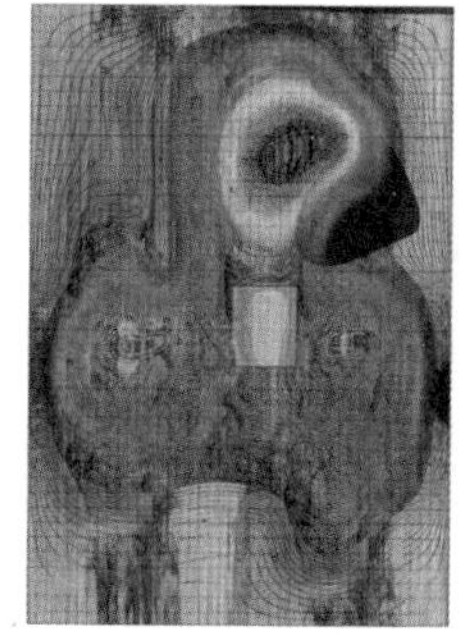

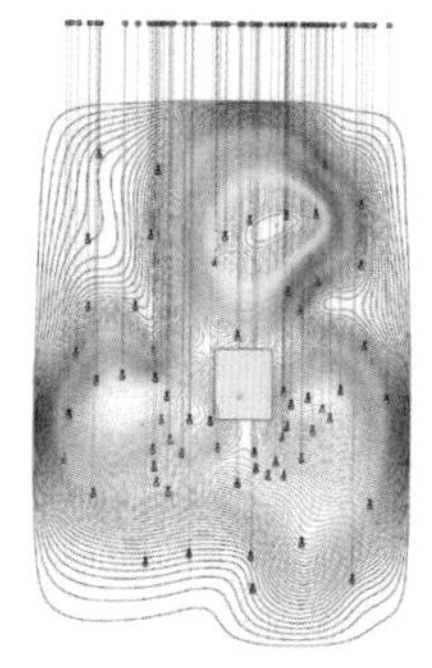

从顶视图观察等高线趋势与建筑关系

古画空间基础点与等高线关系相同处：
1. 出现与等高线曲率较大的位置；
2. 出现在山腰；
3. 出现在蓝绿与黄绿的位置。

3.《踏雪寻梅图》深山藏古寺的成像分析

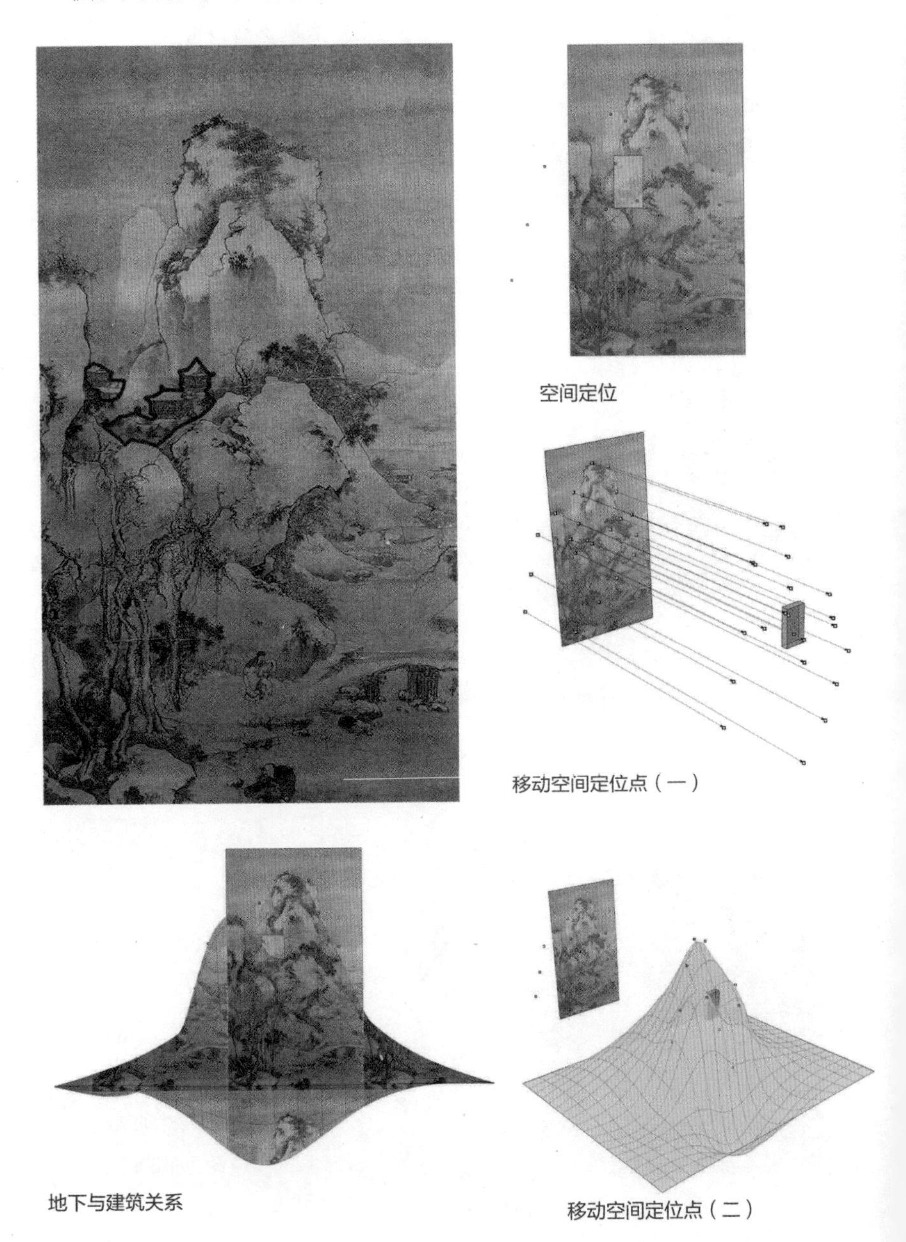

空间定位

移动空间定位点（一）

地下与建筑关系

移动空间定位点（二）

古画贴图（一）

古画贴图（二）

生成空间地形等高线（一）

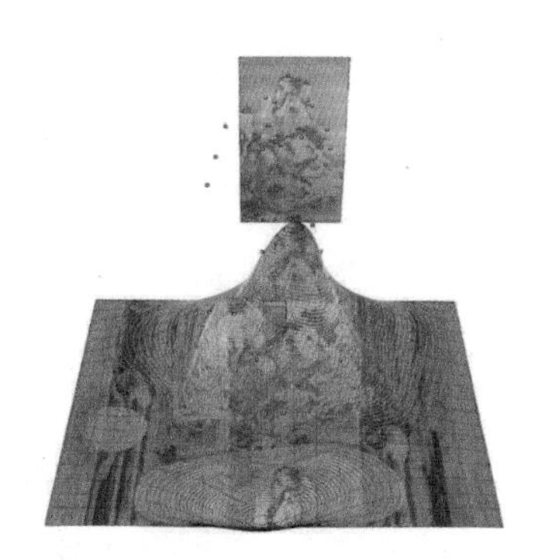

生成空间地形等高线（二）

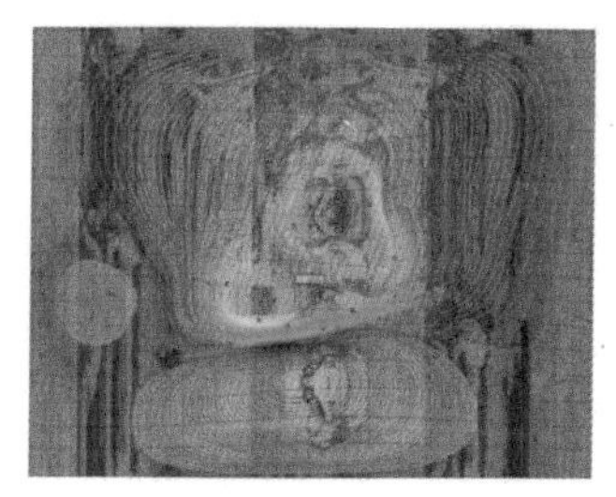

古画空间基础点与等高线关系相同处：
1. 出现与等高线曲率较大的位置；
2. 出现在山腰；
3. 出现在蓝绿与黄绿的位置。

从顶视图观察等高线趋势与建筑关系发现

4.《秋山萧寺图》深山藏古寺的成像分析

空间定位

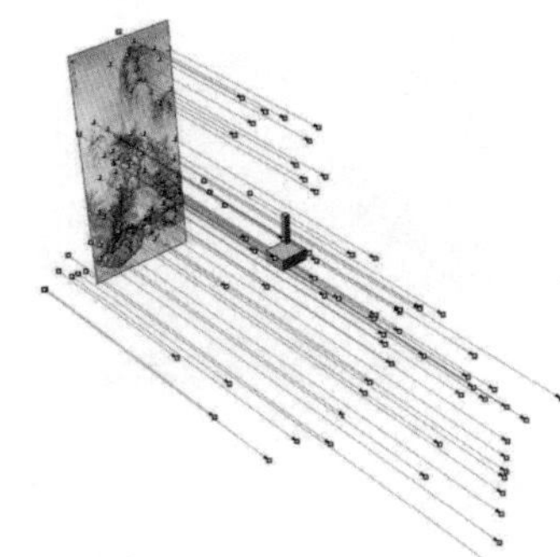

移动空间定位点（一）

地下与建筑关系

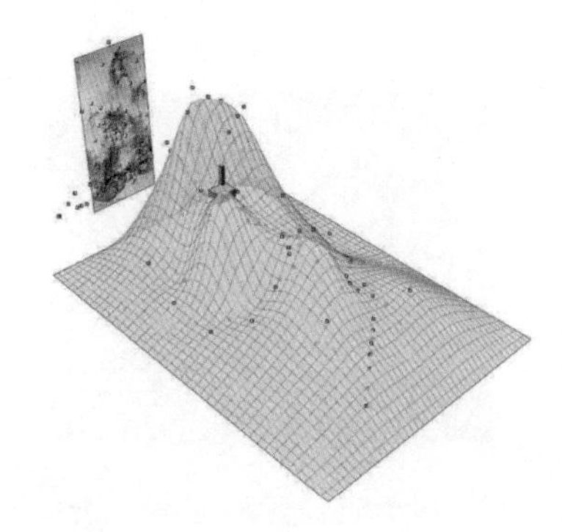

移动空间定位点（二）

古画贴图（一）

古画贴图（二）

生成空间地形等高线（一）

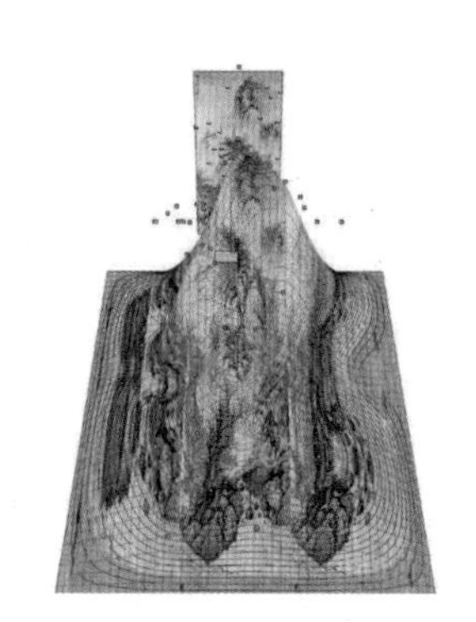

生成空间地形等高线（二）

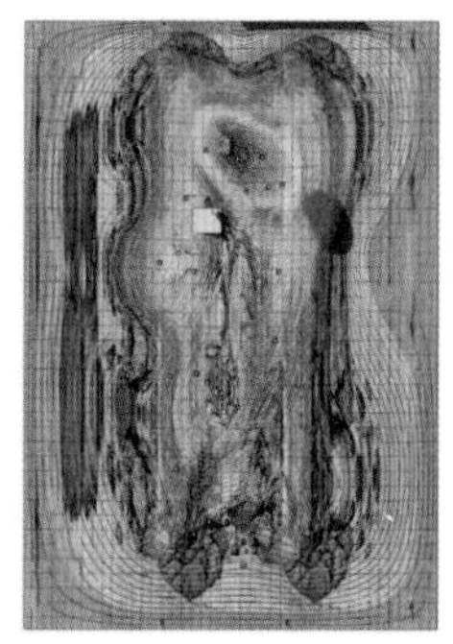

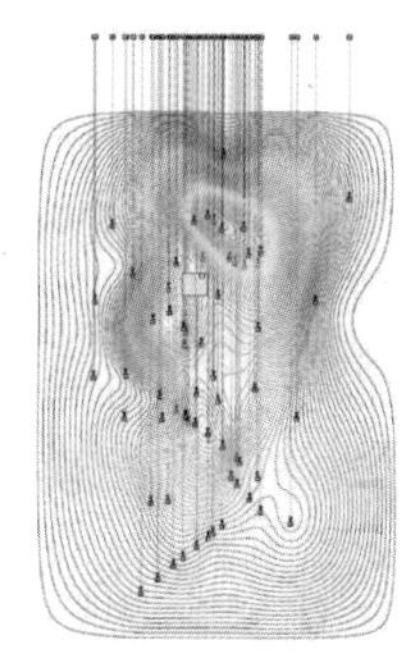

古画空间基础点与等高线关系相同处：
1. 出现与等高线曲率较大的位置；
2. 出现在山腰；
3. 出现在蓝绿与黄绿的位置。

从顶视图观察等高线趋势与建筑关系

（二）连续组合的叙述方式

晋顾恺之的《洛神赋图》（图 3.7）向我们展现了空间连续组合的叙述方式。界画的形成和调整是在隋唐期间，五代宋元界画空间的营造非常成熟又法度

图 3.7　东晋・顾恺之《洛神赋图》

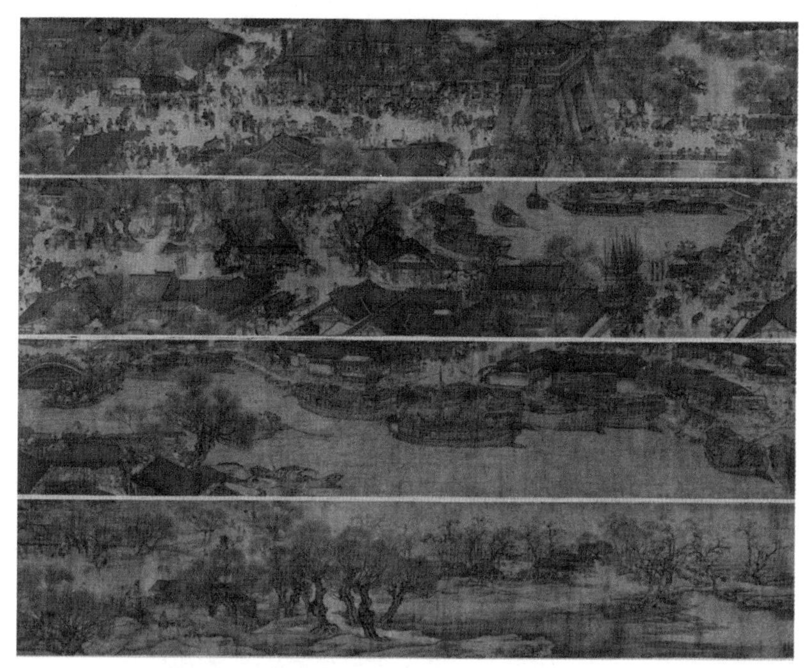

图 3.8　北宋·张择端《清明上河图》

自由，特别是宏大建筑空间的整体性驾驭比较突出。形成这种现象的原因主要是北宋日渐昌盛的城市经济与建筑业以及五代宋元宫廷画院的兴盛。明代界画是守成的，传承于两宋时期的空间营造。

《清明上河图》（图 3.8）向观者呈现的是一幅北宋汴京在清明时节的繁荣景象，见证了北宋年间汴京城的昌盛繁华，也是对北宋城邑经济情况的真实写照，生动向观者描绘了北宋百姓的日常生活与风情习俗，对北宋的文化研究奠定了基础。

而到五代时期，画家关仝的《关山行旅图》（图 3.9）采用了全景构图的方式，画出了关山的秀美景色，画面上山峰林立，水岸绵延，山峰与水岸交相呼应。在绵延无边的水岸两侧，有茶座、酒家等五座房屋，周围又画着鸡笼犬舍、草堆猪圈、乡村小路等景物；另外画家还画了近 20 位形态各异的人物，屋子里的人有的在打坐凝神，有的在整理家务，还有的两两相对举杯邀月，而屋

图 3.9 五代·关仝《关山行旅图》

子外面的小路上，旅人结伴而行，稚子溪边戏耍，静态与动态的景色相结合，有一种奇异和谐的闲适宁静之感。

我们再从远处观看这幅《关山行旅图》的时候，就会发现前景中的建筑景致巧妙地和树木山石融为一体，它们沿着溪岸错落分布，疏密有度，这里的人与动物的描绘却是几乎能够忽略的，随意而又不显眼；中景里的栈桥也和前景中的建筑相同，依附着主峰的走势而建，是整幅关陇山川整体景色的一部分，人物也大多是点缀的作用，并不显眼；而远景的宫殿楼阁，其外部结构和轮廓与山峰浑然一体，其中形态各异的人物虽然动势活灵活现，但同样是细小难以分辨的。无论画面中的建筑的样子被表现得多么精细繁致，当观赏的人在俯览全局的时候，应该都是置身于画作之外的，既把建筑作为形成山川水景的一部分，体会它布置的遵循自然的韵律感；又要最大限度地凭借着画面中建筑物分布的线索规律，去想象感知延伸到画面之外的山庄、小路，进而感受欣赏更加恢宏的景象。所以，我们说全幅画面是使观赏者开始“神游”的媒介，画在图画上的亭台楼阁也是这场精神游览的指路标，它引领观赏的人沿着他想表达的方向延伸，引发出观赏者对于整幅画作中景色相关的意韵联想，将画中的景色与画外的空间相联系，生动形象地表现出画家笔下山水树石的人文内涵。

（三）以大观小的山水之法

清朝早期的袁江和袁耀，在承传宋画台阁界画山水的同时，也有新空间形式的拓展，不过真正使界画造型语言变异和折中的是清代宫廷中的外籍画家。他们把西画的“空间观物法”介入宫廷画院，清代院画的《雍正十二月行乐图》（图 3.10）就是这种介入的典型代表。

宋朝有沈括提出以“以大观小”的观念用以展现自然山水。再早溯源到魏晋之时，宗炳有观点认为：“且夫昆仑之大，瞳子之小，迫目以寸，则其形莫睹。迥以数里，则可围于寸眸。诚由去之稍阔，则其见弥小。”[9] 宗炳这句话是在说，昆仑山是极大的，人的眼睛又是极小的，如果人在仅有一寸

图 3.10　清 · 宫廷画师《雍正十二月行乐图》

远的近处观看景物，那么我们就无法看得完整其全部的形象。所以假设我们在绘画从远处观看山的时候，能把昆仑山和阆风岭两处风景都同时描绘在一幅白绢之内。在作画用的白绢之上绘画出三寸的山脉的形貌，比作其有千仞之高，再横向涂抹上数尺墨迹，即对观赏者呈现出足有百里远的山脉之景。魏晋之间，“以大观小”的山水观照法在理论上已经逐渐具有了精确的论述，而后又得到了长足的发展，从魏晋之后的山水画卷的实际创作中的体现证明了这一点。例如北宋郭熙的《早春图》（图 3.11）和范宽的《溪山行旅图》（图 3.12）。

山水画的水墨写生为了景物间形成良好的空间关系，在绘画技法上提出了应该细致展现出景物的完整结构特征和景物间细小的联系，画面虽然因为在某一时刻可能会受到固定在一个特定视角的限制，但是这固定的视角并不能说明就一定是焦点透视。我们在探索研究以建筑为主要题材的山水画卷的空间表现方法的时候，以苏州拙政园作为研究对象，这一类的图书之中，大多为了证明中国古代的园林美学存在的价值而提出了大量的山水画资料来举例考证，所以我们认为中国山水画的绘画和中国古代园林景观的塑形，从开始的起点至发展到高潮的过程都存在相互影响、相辅相成的联系。

六朝时期画家王微在画论著作《叙画》中认为，中国的水墨山水画在描绘上不应该是“案城域，辨方州，标镇阜，划浸流”，反而要做到完整全面地画出客观的物象。美术家周来祥先生在他的文章中曾经表述过，“以大观小”是用主观的心理看为大，观察客观宇宙山水的小，用不断巡视自由的视角边走边看，变换不同的角度和方向观赏画作。当观者使用“以大观小”的观照方法来审视勘察景物时，一间具体的屋宇、河流等等都可以视为整个画作中组成画面的一部分，因此这些被看作是“小”，而与之相对应的整个画作的意境就是“大”。沈括说：“以大观小，如人观假山耳。”将挺拔屹立的大山看作极小的假山，这就是以整体景观的观赏为出发点的观察方法，形成的中国画山水卷绘画出的景观的前景后景都十分清晰，高下布置都极为适当。

图 3.11　北宋・郭熙《早春图》

图 3.12　北宋・范宽《溪山行旅图》

这正是中国画独特的透视方法。

“山水大物也”。尝试从全局的角度，从整体上去体会掌控山水自然的形与势，单单凭借人的眼睛，是存在不能抛开的生理上的缺陷和困难的。在眼睛的观察感受下，在对真实的山水进行深化细微的感觉基础上，应用灵活想象和天马行空的联想，对自我的极限进行超越，进而能够从山水画的全局出发，掌握真实山水的美术审美境界。我国传统山水画大多数更加注重在作画前提出一个明确的立意，并不完全是为了写实而作画的，也就是所谓的“意在笔先”，即在作画前先立意掌握画面的全局布置空间的关系，形成独特的空间排布方式的观念，对于画作即将有的主观空间进行全局化的感受掌握。在中国的山水画中，山川、木石、楼阁、云雨等景观元素需要作画者从物象的全局整体和本源本质上掌握其规律，不作完全的对景写生，而是要在对这些物象的整体感觉掌握的基础上发挥联想，在卷轴画面中表现出想象的空间。中国山水画要求作画的画家要具有“以大观小”的空间联想能力，从而使得画作之中的客观景物之间的固有联系既能与实际生活中的形象相符合，又能以空间表达的方式附合作画者的主观感情，只有这样的绘画空间才能和欣赏者产生一种共鸣。

（四）移步换景重叠营造的透视空间

移步换景透视效果的出现，多是因为中国古代山水画在构图时采用了散点透视的绘画技法，这种绘画技法使得整幅图画的结构和风格都更加潇洒自由。中国古代山水画技法中的散点透视是指在绘画时画家不以一个视点为视角，而是以一个能够在画作中不断运动的能俯览整体的视点为视角，通过这个视角，把画家在作画之前观察过程中得到的领悟意象重组，并以一种饱含了画家情感表达的规律展现在观赏者的面前。所以，若是要将此类的表示方法对应到现实中的定点观察与静态分析当中，就是一种视觉上的逻辑错位现象。可是在对某一部分的景观或是记忆过程的展现中又是十分合情理的，例如王孟希的《千里江山图》（图 3.13）。

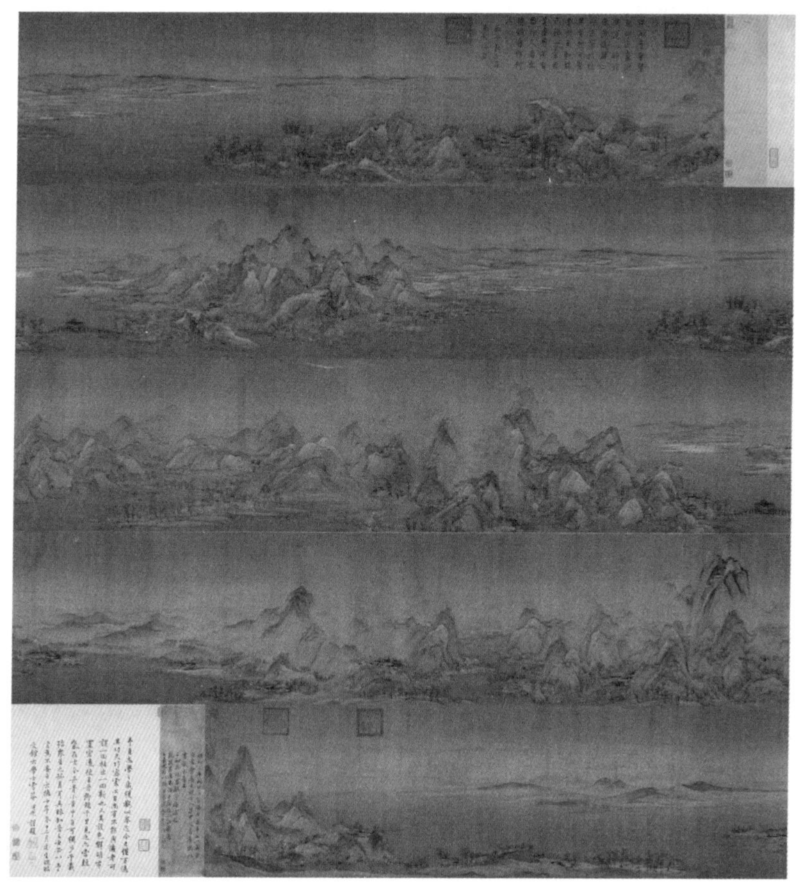

图 3.13　北宋·王希孟《千里江山图》

“七观法”是王伯敏先生在归纳整理中国山水画的表示方式时总结出来的一种法则，即步步看，面面观，专一看，推远看，拉近看，取移视，合六远。步步看，即是说随着脚步向前一步一观，看到的景致各不相同，“今张绡素以远映，则棍阆之形可围于方寸之内，竖划三寸，当千仞之高，横墨数尺，体百里之迴。”⑩ 向我们指出了中国传统山水画在作画时的透视法原理。

散点透视让中国传统的山水画汇入了“时”与“空”的观念，画家将发生在不同时间的画面重新定义并排布在同一幅图之中，偶尔还会因为画家在作画情绪上的改变而发生相对应的变换，是一种特别随意随性的透视法则，例如南宋赵伯驹的《江山秋色图》（图 3.14）就是这种透视法则的体现。此一类的时空组合并不是均匀的，在人的视点进行移动的过程中常常有停滞在某一点上的细节描画，用以方便作画者逐渐对作品情节进行深入的展开、丰富和深化。而这种停滞的地方常常都是画作中最写实的，是整个画作最为重要的部分。散点透视带给中国山水画画家的时空序列上的关系和理论，对中国古典园林中景观节点的营造、园林季相的轮回变具有更为重要的意义，起到促进发展的作用。

中国古典园林和中国古代建筑不同，大多都是没有中轴线可以依托的，造园时主要是以园林的观赏景观路线为依托，丰富整个园林空间。园林的全部景观都会沿袭着这条观赏路线展开，并互相联系，我们具体把园林景观的布置分为以下几个阶段：起景、发展、高潮和结景等阶段，而园林的整体形象展现给游人的是一个相对整体园林的风格印象，而不是片面的部分景观片段，造园在结构上看似松散、毫无规律，但其实是秩序井然的。当游览者沿着园林的观赏路线进行游览的时候，这座园林就会向观赏者展现出步移景异的独特风格。以苏州留园为例，沿着它的游览路线首先展现在我们面前的是其以山水为主景的中部，流水潺潺、假山英石，而后转向东部，雕梁画栋、美轮美奂，五峰仙馆和林泉耆硕之馆交映成趣，再观西部，枫叶蔽日、溪水

图 3.14　南宋 · 赵伯驹《江山秋色图》

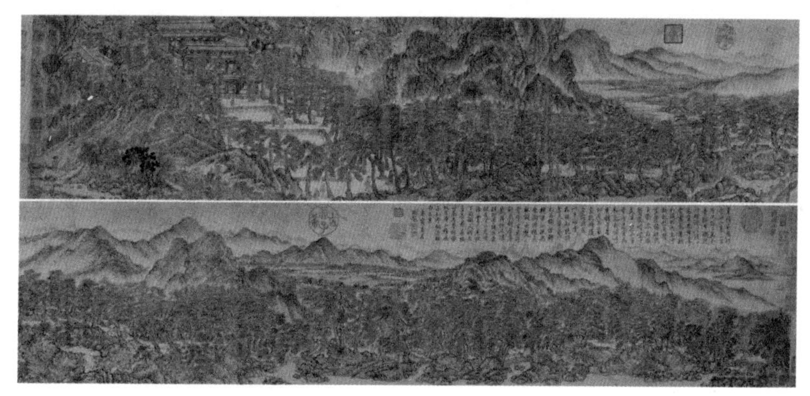
图 3.15　元・王蒙《太白山图卷》

清澈，充满了浓郁的田园气息。

中国古代园林艺术是空间与时间共同组合而成的艺术，是持续的、动态的景观构图形制。当观赏者停下来欣赏园林景色中每一个小景观节点时，人们所感觉到的景色与空间，和作画时的静态构图相似，但当观赏者顺着主要观赏的路径进行移动观赏时，则又呈现出了正在运动中的无灭点的景观物象，同时使用了有限的空间和有限景观事物创造出的无限意境。而这一点与中国传统山水画构图法中运动视点下的鸟瞰构图法从基本上讲是雷同的（图 3.15）　。

因此，在传统绘画理论中探讨的有关动态布局的说法，囊括了空间与水面的开合取舍，地势道路形态的绵延跌宕，屋宇和树石云水的虚实隐现等等方面，对中国古典园林营建中地势、水景、绿植的布势构图，空间的构建及主要游览观光路线的选择都有着直接、重要的引导意义。

比如长卷画的空间处理方式，长卷画的空间处理上最重视的不是对整体布局的布置，而是注重画卷每一部分、每一段落的节奏，形成这种空间处理方式的原因在于其特殊的观赏方式和绘画形式所影响的。也可以这样说，为了表现长卷画卷的整体美感，画作者通常都要使用各种技巧方法来调节整卷山水的节奏。长卷山水画卷近距离地把玩方式要求手卷的绘制必须是十分精美的，要能承受得起近距离的仔细品味，并且山水的构图布置要具有连贯性，山水景观的每一部分又要有这一段景观的独特性，有其匠心独具的特点，保证观赏者能够对山水画卷手卷进行分段细致地观赏品鉴。画卷对流动性的节奏有深入的掌控，讲究开合，常常通过在横向轴线上的虚实对比、留白、疏密对比来调节空间，让画作的内容丰富多彩，进而达到带动观赏者兴趣而逐步一一品鉴又不觉作品乏味的目的。

“三远法”中的“平远”虽然最为常用，但还是不能很好地展现手卷的构图制作。而“高远”和“深远”之法又无法合理地阐释手卷画极长的画面，对于图幅长、宽比例的悬殊，不能做到对空间、画面有效的分割和区分层次；而单纯地运用“平远”同样不能有效地调节山水画手卷超长的画面节奏，容易使画面过于平淡无味。上述问题的关键在于，全景式的山水画主要是用一种大体上方向一致的宏观的视角俯览整体之下所表现的山水景色，使人远眺山川时整齐不杂乱；而手卷山水画卷不能单单远观全卷，重要的是在横长的平面空间中尽力地调整带动画面的节奏，仅仅使用整体宏观的视角是无法达到这一目的的。“山，近看如此，远数里看又如此远十数里看又如此，每远每异，所谓山形步步移也。山，正面如此，侧面又如此，背面又如此，每看每异，所谓山形面面看也。”[11]这里借用一下，所谓“步步移”的流动的视角就是长卷山水画所应用的空间构成形式，即为“移步换景”的方法。所谓“移步”，即是说长卷山水画卷选取了一种身随景动的动态观察法，观赏者好似

图 3.16　元·黄公望《富春山居图》

沿着自右向左的方向一路游览于山水之间。人的目光焦点随着身体的移动在山水间游走，而画作在观赏者的游赏品鉴中慢慢延伸，眼前的山水景色也缓缓地绵延千里、更迭变换。李白有诗曰：“两岸猿声啼不住，轻舟已过万重山。”这种动态的视角比公共性的山水要更加自由，整个画面的景致塑造是在时间性漫延的过程中完成的。以黄公望《富春山居图》为例（图 3.16），此卷画高仅三十三厘米，长达六米多，在如此长的图画中，观者的视角随时都在移动变换。时而像行走于山川之间，时而又像泛舟江流之上，霎时远处山峰影绰，水天相接，忽而脚下山石突兀膨凸而出，冲出画外。此类空间的更迭变换显然是观赏者站在不同的观赏点所看到的所有景象的集合。“移步换景”这种对于画作空间进行表达的方式能够最大地带动画面的空间节奏感，是中国山水画最具有特点的空间处理方式之一，也最能体现出中国古人对于天地万物周而复始的时空观念。

三、经营位置构图秩序

用现代人的思维就是主体意识按照客观物象根据一定的法则和主观思想去组合布局，这种改造客观物象的法则就是“章法”。蒋和对于章法表示过：“山峰有高下，山脉有勾连，树木有参差，水口有远近，及屋宇、楼观布置各得其所，即是好章法。”[12] 而这样的论述很显性地适用于建筑园林的布局，甚至可以移植为造园论的基本理论。空间是建筑形态的构成要素之一，建筑的空间是建造师通过对自然的摹写与仿制，基于人的需要建立组成建筑，与此同时，也对人的生产生活中的行为活动进行了定义并限定了空间。所以我们说无论是建筑内部的空间结构组成，还是其外部的空间构成逻辑，都属于建筑空间形态的重要组成部分，中国画与建筑园林其同源同构性的构图方法可见其一斑。

中国古代水墨山水画十分重视布局，许多画家都认为布局是作品内容表现成败的关键，同时也是作品中全部绘画语言的逻辑组织方式。山水画家们对于绘画布局的重视，同样佐证了古代建筑师对于古代宫廷建筑、民居建筑包括园林建筑的建筑形态的构成方式的重视。中国山水画画家对于构图布局的重视在千年前就存在了，确定了布局之法在绘画过程中的重要性，并主张对画作中每一个元素符号的绘画方位都要进行严谨的推敲、精细的谋划，对绘画构图和主题构思的关系已经有了十分深刻的认识。

园林的营建同样是建筑形态演变的一个重要组成部分，其布局是构建成功园林的基础。中国古代园林的造园营建大多数是以画家文人所著的山水画论为参考的，庭院中的布局，从整个园林的构建布局到每一处景观形象的陈置，园林内的景观空间联结与设计，都遵循画理、展现画境。构图布局的位置经营是画作臻至完美的首要因素，也是最为至关重要的因素，它直接地影响了画作的画面内容安排和整体形象的美感。而在中国古代园林艺术的创作过程之中，构图布局也同样起到了不容忽视的作用，直接影响了一座园林或整个建筑群落的整体分布的科学性、自然性与合理性。通过对比，我们很容易就能发现，中国古代水墨山水画的陈设布势和园林空间营造还是有很大的不同之处：山水画中，客观景物在画作中表现的空间位置是通过它在画面上的经营位置来体现的，其景物的布局必然同时满足画境上充满作者情感的神韵表达要求以及空间布局在画面上表现的严谨与合理性。

中国古代山水绘画与园林建筑构图在表层的形式布局下，具有相同背景的潜层文化。传统绘画和中国古典园林的创作思想是同源于对自然的图景和人伦秩序的再创造。与造园之理相通，在园林建筑布局构图中也毫无例外地遵循着这样的原则。在传统绘画中，园林建筑景观是构成画面的图形，其构图在其表层现象的深层意识下体现的是文化伦理观念。构图形式是以伦理精神布局为依托的，是人文精神的介入，其构图布局也是实景造园建筑艺术的人文精神的呈现，中国传统绘画的构图方式和园林的布局规划同源于共同的文化背景。古人在画面布局构图中与园林建筑设计中，共用互通地遵循着同源的文化审美准则和同构的创作方法，置陈布势与经营位置对于传统绘画和建筑园林是同源同构的设计理念。

构图在中国绘画艺术中是指画面上的形象和景物之间位置的组织，使它们在一定的平面空间之中产生内部或外部的联系和制约，以产生出一定的画

图 3.17　大明宫复原图

面效果。中国古代画家所著的画论之中，大多都明确指出过山水画的构图问题，在董其昌的《画旨》、黄公望的《写山水诀》、韩拙的《山水纯全集》等著作中都论述了山水画构图的一些重要规律，一幅好的山水画构图是内容和形式的完美结合而且画面必定符合一定的形式美法则，还可以对画家想要表达出的情感进行充分的体现。建筑作为山水画中颇为至关重要的点景之一，对画面的构图布置形成了不容忽视的影响，建筑点景的存在不仅可以使画作的内容更加繁复丰满，更能很好地向观赏者传达出画家的情感，同时画家也能够通过对建筑点景的合理安排，使得画作更加的完整统一、丰富细致，既能让观赏者得到画作表达引发的联想，又能使观赏者感觉到观赏美的事物的快乐。山水画构图的独特审美法则能够让山水画的全部构图景观互相融合，使其产生一种为欣赏者喜爱的艺术美。画面中的建筑景观，放置的地方与存在空间的大小比例关系，都将影响全画的构图布局。

（一）儒家等级观念构图

儒家礼法对建筑的限制，首要体现在建筑的分类上，影响出现了一整套极为宏大的礼制性的建筑系列，并且古人将这些礼制性建筑放在文化生活中的首要位置（图 3.17）。“君子将营宫室，宗庙为先，厩库为次，居室为后。”[13] 中国古代礼制性建筑的地位，要远远高于实用性建筑。“礼”的概念范围很广，从传统意义上大概分为“吉、嘉、宾、军、凶”五礼。

维系君君、臣臣、父父、子子的礼制等级，是我国古代封建帝国时期用来实现国家以礼治国、以礼教化百姓的关键，同时也是构建古代封建帝国家国同构的宗法伦理社会结构的主要基础。

人类的生产生活活动和礼仪宗教活动大多都是依托于建筑完成的，建筑为人类的行为活动提供了理想的场所，而建筑又以可以建造出恢宏的空间体量以及华丽，或雄浑，或典雅的艺术形象，带给观赏者和居住者在建筑中的人难以遗忘的感受，是与人的生活密切相关的精神消费品；另外，中国古代建筑的建造无论是宫殿建筑还是园林建筑、民居建筑、宗教建筑，都会消耗国家或者个人巨大的人力、物力以及财力，成为一种稳定的社会财富，一座好的建筑可以几十年、几百年不会坍塌，保持稳定持久地发挥它在人类生产生活中的作用。正是上述特点，让建筑成为了中国古代用来标记不同的人的等级名分、维护封建等级制度的重要手段之一。分辨贵贱、明确尊卑的功能成了中国古代建筑被特意突出强调的一项我国独有的社会功能。而这一种情形早在周代就已经出现了，周代王侯的城阙、宗庙都有严苛的等级差别。

北宋早期李成的一幅山水画——《晴峦萧寺图》，在构图上就符合郭熙画论画理的论述，在画面的正中央有一座主山峰，处于图幅的中心位置，其他的景观也主次分明。

郭熙在他的著作《林泉高致》所提出的绘画理论对于构图法则是这样论述的：“山水先理会大山，名为主峰。主峰已定，方作以次近者、远者、小者，大者。以其一境之主于此，故曰主峰，如君臣上下也。林石先理会一大松，名为宗老，宗老已定，方作以次杂窠、小卉、女萝、碎石。以其一山表之于此，故曰宗老，如君子小人也（图 3.18）。”[14] 郭熙有更明确的构图布局潜层文化象征意义的论述：“大山堂堂，为众山之主。……其象若大君赫然当阳，而百辟奔走朝会。”[15] 这种表层形式上表现的是构图的安排，更是儒家等级观念的反映，是建筑设计潜层意识的体现。

图 3.18　明・谢时臣《仿黄鹤山樵山水图》

（二）人伦社会关系构图

“夫礼者，所以定亲疏，决嫌疑，别同异，明是非也。”[16]“礼，经国家，定社稷，序民人，利后嗣者也。”[17]“礼者，治辨之极也，强国之本也威行之道也，功名之总也。”[18]上述古文大都在阐释礼既是规定人伦关系、社会秩序的法规，也是用来制约百姓生活方式、伦理道德、生活行为、思想情操的规范（图 3.19）。

“礼也者，合于天时，设于地财，顺于鬼神，合于人心，理万物者也。是故天时有生也，地理有宜也，人官有能也，物曲有利也。故天不生，地不养，君子不以为礼，鬼神弗飨也。居山以鱼鳖为礼，居泽以鹿豕为礼，君子谓之不知礼。”[19]意思说，用礼要根据实际情况，切合天时、地财、物利；住在山区不要以鱼鳖为礼，住在泽地不要以鹿豕为礼，才能万物各得其理，所谓“物曲有利”，这是一种十分理性的用礼原则，体现着因材致用的思想。

布颜图在《画学心法问答》中有更详细的深层次的明确定义：“一幅画中，主山与群山如祖孙父子然，主山即祖山也，要庄重顾盼而有情，群山要恭谨顺承而不背。”[20]从论述中可以看出，传统绘画构图体现的是纲常伦理概念，其间涉及人伦社会关系时，是用人伦秩序的方式来建构绘画的构图，建筑园林注重建筑与自然环境之间的关系，自然伦常的宇宙秩序在画卷的每个层面中都有表现，因而画面构图具有哲学意味，不再是对物象的单一的再现，而是对空间进行隐喻与象征。

这一类极为理智规范的礼的使用原则，在中国古代的建筑等级制度中，明确地在建筑等级序列方法中展示出来。古人使用建筑来表示地位等级，从实质上讲，既是让建筑起到了一种用来表示尊卑等级的符号作用，也赋予了建筑符号以表示不同尊卑地位等级的语义。传统绘画和中国古典园林的创作思想是同源于对自然的图景和人伦秩序的再创造，中国古代建筑的构图布置特征所展现给我们的特有文化属性与中国古代传统山水画绘画中建筑景观在画面上位置经营的文化背景，也是同宗同源的。

图 3.19　明·沈颢《闭户著书图》

图 3.20　明·安正文《黄鹤楼图》

图 3.21　明·安正文《岳阳楼图》

（三）宇宙秩序构图

宇宙秩序的构图观念较之其他技术性观念更直接地反映出各民族的“世界观”。王树村辑《民间画诀选辑·画分三截》：“一幅画里分三截，中下上来求生意。生意虽无一定格，其中却有至成理。”即是说中国古代的民间作画者在绘画的时候，经常会将一张纸虚折为三叠，称呼“天地人三才”，用以区分主次人物的排布位置，以及亭台楼阁、花月清池等景观的布局，用折叠时产生的痕迹作为在描画客观物象时比例高低和景色的远近层次的尺度比例参照。在中国古代画论的各个层面中，构图是最具有哲学韵味的，它用大宇宙的秩序论融合建构了绘画的“秩序论”——构图所要解决的问题，从美学上说便是“秩序”（图 3.20~ 图 3.22）。

因为中国古代统治者为了礼制的需要创造了建筑等级制度，这种现象是中国古代建筑所独有的，对中国古代的建筑体系造成深远影响。最主要的影

图 3.22 清・袁耀《九成宫图十二屏》

响有两点：一是造成了中国古代的建筑在类型上的规范形制化。但凡是一个阶级的中国古代建筑，必须要规格相同，形制一样。以太和殿、乾清宫和明长陵棱恩殿等建筑进行举例，这些建筑的使用功能各不相同，但却同为建筑等级序列中的最高形制，所以建造时使用的全部是重檐庑殿顶来烘托其尊崇的地位。由此可见，中国古代建筑的等级品类的表现超越了其功能个性的作用，使建筑整体有了基于等级形制的统一性和协调性，但是却吞噬了建筑实用功能的特性和风格个性；二是造成了中国古代建筑在建造造型上高度的模范程式化。严苛的儒家礼制等级，将建筑的构图布置、构成、屋顶形制，甚至是装饰细部等部分都进行了严格的礼制等级规定，导致了一成不变的程式化造型。中国封建时期建筑的呆板程式化形制的长期营造，致使建筑的单体形象甚至院落的整体形制更加趋近于建造形制统一的建筑，从整体建筑的造型体系中，展现给我们的大多是建筑形式与技术工艺上的高度规范化。这种建造形制上的固定化虽然在一定程度上保证了中国古代建筑体系的持续发展，维护了建筑群落的整体统一性、协调性与独特性，同样，也给中国建筑的进步画上了一个牢笼，更大程度上地局限了建筑设计创新和技术革新的发展。

（四）步移景异的构图视点

丈山尺树，寸马分人是中国古人从很早的时候就发现的焦点透视原理，但是因为中国古人对审美的感受会经常将时间、空间与观赏的景观变换结合

图 3.23 明·唐寅《溪山渔隐图卷》

到一起欣赏，这种审美观念让古人认为焦点透视给艺术思维造成了极大的限制。中国画画家大多渴望自己的作品能够将千里江山的景色都绘在一幅画作之中，形态各异的人物、纷繁的景致完美地融合在一个画面，平远、深远与高远的手法灵活地运用，中国画的散点透视就是这样出现的。中国古代园林的建造就是散点透视发展到极致的代表。在中国古代园林的营建中，并没有出现像轴线分明、对称严谨的造园布置形象，但当观赏者游览全园的时候，还是能在缤纷繁丽的景色中找到一种无法言语的统一和谐之感。只有当观赏者一步步地把全部的园林美景观赏结束之后，才可以体会到这座园林的匠心独运，而游览的整个过程中，好似欣赏一幅山水长卷，精美绝伦（图 3.23 和图 3.24）。

图 3.24 清·程正揆《江山卧游图》

图 3.25　明 · 李士达《五鹿山房图》

我们将中西方绘画做一个对比：西方画家的绘画是对所画景物的静态分析，其对所画对象的观察和理解是十分重要的；而中国画画家所创作的山水画更多是对所画对象的动态把握，精美绝伦的景观是以画家的记忆和对景观意向的领悟来主导的。而中国绘画正是因为使用了散点透视的构图方法，所以在画面的布局经营上得到了极大的自由。这一种构图法将画家领悟到的画意通过对所画事物的观察形成一种记忆过程，并依据印象重组，随心地绘制出来的。

（五）轴线与环形的向心和同构秩序

以环形和轴线形两种对中国传统建筑和园林平面布局秩序关系作为处理界画建筑群与环境之间关系的一般法则；以一组建筑群侧面线条保持平行关系的方式取得建筑群内部的统一。

“环”与“抱”是中国画绘画中常用的手法，“环”、“抱”的同构关系是中国建筑隐藏文化的设计物语，但核心是这两种模式在建筑设计的环境中，建筑选址优选在山环、山湾中的环形的空间。中国古代山水画中的山水楼阁往往是亭显一角，石没半边，构成景物有限。潘谷西先生曾在《中国建

图 3.26　元·李容瑾《汉苑图》

图 3.27　元·陆广《仙山楼观图》

筑史》中提出过，中国古代的建筑设计上至城池布局下到民居宅院都能体现出宗法体制下严苛的等级关系，而建筑群落的理想模式也大多是以南北轴线作为主轴，形成对称均衡的秩序规律（图 3.25~ 图 3.27）。

对于环形和轴线的同构表现，建筑因为沿着轴线的布局而整齐一致，环绕山水而建造的建筑为了达到巧于因借的目的，对其建筑的布置方位进行一定的调整和变化，这种调整和变化下的位置经营相对地反映在山水画构图中，就形成高下相倾和左右呼应的效果。当我们把这两种绘画构图的形式应用到建筑设计的地形环境中之后，就会得出这样的结论：环形构图总是处在平整开阔的空间中建筑群落所使用的布局形式，而“抱”的构图形式则多在山水环伺的地理位置上进行设计形成布局，地理位置的环境关系对这两种构图的模式差异造成了极为重要的影响。临水而建的建筑群落的布置自然是随着水的变换而变化的，建筑得以观赏水景而产生法线垂直于水岸切线；依附山势而建造的建筑则一定会沿袭着山势走向而发生改变。

（六）意在笔先的全局式营构方式

“意在笔先”是中国古代山水画的传统美学命题，凡画山水，意在笔先，对于中国古代园林的建造美学，“意在笔先”是先决条件（图 3.28）。“意在笔先”提出绘画先要做好准备，胸有腹稿，例如画山水时，要对景观的宾主位置安排、地势形貌、起伏开合有明确想法；画花草树木时，对行干布枝、落花添叶要胸有成竹。中国历代许多画家都要求落笔作画之前要先构思立 意，造园也须立意在先。计成《自序》中说，他在建造园林之前是早有腹稿的，他的山水设计只是在抒胸中所蕴奇，将自己胸腹中的构思付诸实践。计成的《园冶》还有一章是“相地”，重点讲述并总结了园林建造规划布局要因地制宜地构思。清代李渔也认为，造园时通观全局的规划构思布局是十分重要的，园林设计师建造园林就像是作家写文章、画家绘画一样，都要先胸有成竹，才能做到气韵生动，以气胜人。

造园时，构思内容首先是思考园林构成的元素和景观主从、呼应关系，

图 3.28　明・杜琼《山水图》

然后是设计欣赏景观的地点和游赏园林的行走路线。中国古代园林建筑师在考虑布置园林的游园线路时，大多都是借鉴了中国画绘画技法——散点透视法分布景观，达到游园观赏中移步换景的特殊效果，给人带来精美绝伦的景观形象。计成在《园冶》中有这样的论述："物情所逗，目寄心期，似意在笔先，庶几描写之尽哉！"是"意在笔先"总体构图观在园林空间设计中的再现，即先定山水大势，再进行细节元素的整合。在此绘画美学的经营位置、章法布局的观点，与建筑园林的设计理论清晰地呈现出同源一辙的关系（图 3.29）。

意在笔先是全局性的思考，中国建筑的整体化设计，也就是气势一体化，中国绘画讲究"凝神静气，运气到笔端才能下笔如神"。关于"意在笔先"，在笪重光编著的《画筌》中有精彩的论述："目中有山，始可作树；意中有水，方许作山。作山先求入路，出水预定来源。择水通桥，取境设路，分五行而辨体；峰势同形，谙于地理，象庶类以殊容。"[21]笪重光的意在笔先绘画理论在具体的空间实体景观设计中体现出对于山水、峰峦、建筑、树木的系统关联性、全局性的思考。

中国古代园林在意境定位和选址相地之后，动工建造之前一定要在整体上具有十足的把握，而后由园林设计者将他所构想的景象具象化为现实园林的全局景色与意境的营造。

"凡画之起结，最为紧要。一起如奔马绝尘，须勒得住，而又有住而不住之势。一结如万流归海，收得尽，而又有尽而不尽之意。"[22]置陈布势是绘画最为重要的创作前期工作，无数的精彩的局部形态组成画面或者山水园林精美绝伦的整体形象，所以说局部的构图取势要服从整体的大势，辅佐大势，达到画面或者园林结构紧凑、和谐的效果。大势，就是大体的位置。在经营大势大局前提下，再进行细部设计。具体的空间设计中即可根据周围地形地貌和环境确定山的位置和方向。例如画家通常对主体建筑，采用坐北朝南的构图法，占据主要位置联系理水掇山，在这样全局观的思路下再进行设计。明代顾凝远也有独特的构图理论："凡势欲左行者，必先用意于右；势欲右行者，必先用意于左；或上者势欲下垂，或下者势欲上耸，俱不可从本位径情一往。苟无根柢，安可生发盖凡物皆有然者，多见精思则自得。"[23]

图 3.29　清初・恽寿平《荷香水榭图》

图 3.30 唐 · 王维《江干雪霁图卷》　　图 3.31 明 · 程嘉燧《幽亭老树图》

置陈布势是指画中形与势的位置和陈列，置陈是为了布势，说的是形与势，力与势是相连的，即要处理好个体与整体的关系、形态、大小和位置。主体形态要处于主要位置，通常位于视觉中心，处于主势。

1. 微观造景

春秋战国时期，在人与自然的关系方面，使用诸多不同的方法模仿自然，并将再现的自然和造园构景相结合，就是为了营造出步移景异、别有洞天的理想景观，来达到舒适自然、宁静淡泊、含蓄唯美的艺术美学效果（图 3.30 和图 3.31）。如抑景，中国的美学向来崇尚含蓄，最完美的景致常常被隐藏在最后，这种手法就是“欲扬先抑”。采取抑景的构图造景方法，能够使古代园林的氛围更加引人入胜。而添景，在我们要观赏的景观处于远处的地方时，若是没有别的物象隔在中间或者是近处作为过渡的时候，景色便会呈现出一种空旷而且没有层次感的效果；这个时候我们就会在其中加入合适的、精致的景观，这种造景的手法就是添景。夹景，就是在我们所观赏极其具有审美价值的景观时，发现在我们视线的两侧空无遮挡，景观孤立独显，就会显得单调乏味；这时画家创造花草山水附和孤立的景观，形成更加具有诗情画意的景致空间，这种构成景观的技法就是夹景。计成在他所著作的《园冶》一书中指出，园林巧于因借，这是借景。借景又有很多分类：以远处的山相借，是远借；借用靠近处的景物是邻借；以飞在空中的云鸟相借是仰借；以池塘中的鱼相借是俯借；以大自然里的四季花卉或者别的自然景观相借是应时而借。

2. 起承转合

开合呼应、起承转合是画面和园林布局构图的同构方式。“山水章法如作文之开合，先从大处定局，开合分明；中间细碎处，点缀而已。”[24]。合是合拢，是与开对应的。董其昌论述有“凡画山水，须明分合，分画乃大纲宗也。有一幅之分，有一段之分，于此了然，则画道过半矣。”[25]起是布势的开始，承是顺势而生，转是势的转折变化，起与转为取势而造险，合则为平衡而破险，是取势的方式。清代王昱同样对构图的起承转合有论述：“作画先定位置。何谓位置？阴阳向背，纵横起伏，开合锁结，回抱勾托，过接映带，须跌宕欹侧，舒卷自如。”[26]（图 3.32 和图 3.33）

诗词书画都有起承转合，园林造景同样也要曲折有法、前后呼应，方成有机整体。明清时期诸多文人用画理和诗文的结构来类比园林营建的陈设布局，认为园林景观相互呼应，全园气脉贯通才算完美的构成。

3. 主宾群落

中国传统绘画中的物象有主宾之分，在园林建筑设计上，主宾的排布也是居于首位的。五代荆浩在他的《画山水赋》中说：“观者先看气象，后辨清浊，

图 3.32　明·董其昌《丹树碧峰图》　　图 3.33　明·董其昌《葑泾访古图》

定宾主之朝辑，列群峰之威仪。”为了让画作给观赏者带来灵活精美的感受，画面中主宾关系的处理是极其关键的，主宾关系的合适营建能够破除章法上带来的松散和呆板。在中国传统私家园林的陈设构图上，面积略大或者中型的林园，其空间构架常常是最为繁复的。而此类大型园林通常都是由许多个

图 3.34　明 · 查士标《空山结屋图》

图 3.35　清 · 卞文瑜《山楼绣佛图》

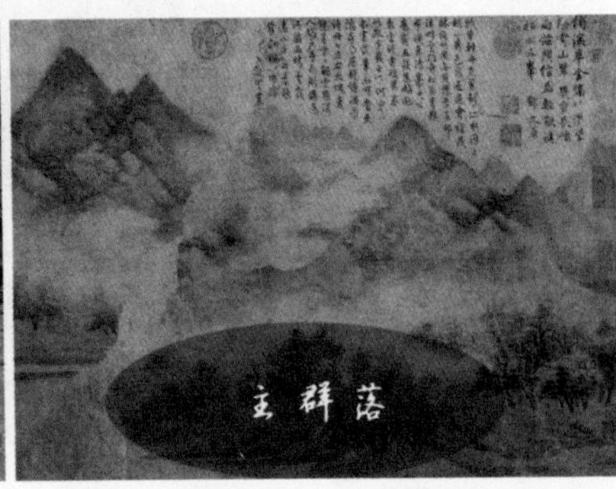

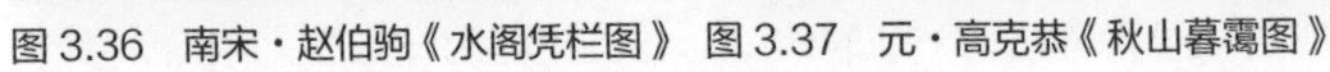
图 3.36　南宋 · 赵伯驹《水阁凭栏图》 图 3.37　元 · 高克恭《秋山暮霭图》

景色各异的空间共同构成，不管它范围的大小，为了突显园林整体的主题，在空间形态布局上都需要通过主次关系达到以构图的主次实现文化伦理价值，完成空间组合关系。传统山水画中的主次构图方法也常为园林设计参考和利用（图 3.34~ 图 3.37）。

4. 疏密排布

经营位置的核心内容是研究局部与局部的关系。那么局部和局部的关系至关重要的是疏与密的组织关系。在《绘画六法》中，涉及画面的安排就是疏密有致，而不可平均。中国画论中关于构图疏密虚实、位置得宜，疏可走马、密不容针的各种论述是有很多的，中国历代画家都极为重视构图中局部与局部之间的关系，甚至是用来品评一幅画成功与失败的关键。

中国古代私家园林的疏密关系大多常采用实者虚之，虚者实之的艺术手法，或以虚代实，以水面衬托，映衬庭院。譬如狮子林的曲廊，廊檐下的墙壁上嵌着各式花窗就是这种手法的具体体现。而网师园的设计是因为其占地很小，又分为住宅、主园和内园三个部分，因此建筑物若过于密集，极易造成沉闷拥塞之感。于是它的主园以水池为中心，不设计景观，环池修建各类建筑，在位置经营上就运用了疏密的关系，形成了凝聚与疏旷的对比关系。《芥子园画传》给出了各种环境中点景、楼阁、屋木的规范，并规定了各种样式建筑所应用的环境条件，什么样的建筑出现在什么样适宜的位置，要合乎画理。这种步骤十分讲究经营位置，以疏密之论来看，画作或者园林营建中的建筑物是密，风景便是疏（图 3.38~ 图 3.40）。

5. 兼工带写

在中国水墨山水画中，工笔是一种工整细致的绘画用笔技法，写意则是与之相反的纵放自由的绘画用笔技法。“兼工带写”就是用凝实简洁的工笔技法，随性自由地画出景观的形神，用以抒发作画者的意境。例如我国的中国画绘画大师齐白石先生，在他的花鸟画中，昆虫的形象摹写得十分传神、精细入微，神态动作活灵活现，而与之相衬的花草植物的绘画笔法却显得十

图 3.38　清・黄向坚《点苍山色图》　图 3.39　明・仇英《江楼远眺图》

图 3.40　元・姚廷美《溪阁流泉图》

图 3.41　明·谢时臣《杜陵诗意图》

分随意与粗犷。这种“兼工带写”的艺术处理手法应用在中国古代园林的建造之中，将工笔与写意的两种技法的妙处夸大发挥，自然生动、不着痕迹地模仿了大自然的美丽景观，景致的表现既含蓄温婉又工整细腻，给观赏者带来了虽由人作，宛自天开的境界（图 3.41 和图 3.42）。

四、随类赋彩与主观印证的建筑色彩观

色彩也是建筑形态构成的要素之一。研究建筑色彩的演变，对于理解中国古代建筑形态的发展历史有着不可替代的作用。中国古代的“随类赋彩”即是对各种事物着色的技巧。赋通敷、授、布，赋彩也就是施色。随类，我们可以解释为随物，类在这里就是事物。而对于中国古代建筑形态中建筑色彩学的研究，有大量的中国画可以作为考证。随着时代的推移，后世画家对“随

图 3.42　清·唐岱《塔影钟声诗意图》

类赋彩”也有着因人而异的理解。假若仅仅从字面上的意思去解释，很容易将其理解成：画家在作画的过程中，必须参考景物客观的形象和色彩，进行正确的上色。在中国汉语中，“类”的意思较为广泛，在这里，我们既可将其看作是组成图幅相连的视觉落点，又能将其看成是不同的客观景物所包含的相同精神属性的画面形象。由此可以看出，所谓的“随类赋彩”从本质上是一种在形式上的精神代指，并不是单单的只对客观景物进行复制上色。

在中国园林景观的营建中也包含“随类赋彩”的观点。对设计中的景观色彩色调的选择，首先应该沿袭客观自然的宇宙规律，此外也可以对园林中的一部分景观进行独具匠心的主观想象，这种主观想象构成的空间色彩也是要通过仔细观察、分析客观景物内在精神而由造园者进行主观安排，这种理论的依据和绘画的作画上色方法理论是息息相通的。事实上，从魏晋南北朝到明清时期，山水画不断进步衍化，绘画技法逐渐趋于成熟，山水画的水墨色对中国古代园林的色彩设计也产生极为深远的影响。

自然界中的每一个色彩都有它独特存在的环境，自然界中是不能找到最纯正的红色或者蓝色的。所以我们就只能在相对的环境中来分析判定不同颜色的精确度和纯正度。可以说中国山水画所使用的颜色不是对客观物象的实际色彩的真实描写，而是由画家通过其对绘画意蕴的考量，将所画的客观对象分门别类，之后以不同的类别为区分，确定不同绘画物象的意向颜色，所表现的都是“随类赋彩”之说。

（一）礼制严苛的皇家色彩

中国古代儒家思想将色彩赋予了礼制的独特含义，以红、黄、绿、白、黑五色作为正色，五色两两相调配而出的颜色被称作间色，正色尊贵，间色卑贱。儒家把色彩规范在礼制的范围内，但儒家思想里的色彩不是表现在物象空间中的颜色。

那些“铺锦列绣、雕缋满眼、错彩镂金、辉煌光耀”的宫殿楼阁，都是色彩在中国古代建筑文化里的运用，总体上表现出了中国传统的建筑色彩的

图 3.43　南宋·赵伯驹《阿阁图》

图 3.44　清·袁江《阿房宫图》局部

运用是具有一定稳定性的；而古代色彩在皇家庭院建筑群和普通百姓的住宅院落中的应用，也证明了它存在极为严厉的等级制度，如礼制严苛地规定了只有皇家的宫殿、陵墓以及奉旨兴建的坛庙可以用黄色；而南北方不同环境色彩使用的迥然不同，也体现了色彩运用上因地制宜的地区差异。中国古代绘画的颜色材料质地取用于自然，色彩运用上的临摹也相融于自然，统一体现在对大自然的依赖性上。中国古代庭院空间建筑显现了中华传统文化中的自然观、哲学观等深层次的内涵，说明了色彩在中国古代建筑设计里的应用，是沿袭着时间进程的发展而逐渐丰富的。宋代因为繁华的经济政治时局，多有华丽绚烂的彩画，宋代文人崇尚清淡高雅之感，表现出其崇尚雅致的品位；元代时期逐渐受到儒家思想和禅宗哲理的影响，往往是青绿彩画居多，与元代的室内色彩丰富也有关联；而到了明清两代，天朝上国的思想越发风靡，泱泱大国的气度不断出现，文人则更加注重绘画色彩的繁华与艳丽，雕饰更追求金碧辉煌的奢华效果（图 3.43 和图 3.44）。

在绘画当中，儒家对于色彩的等级观念并不如古代服饰和建筑设计中的色彩使用那般突出，但是儒家思想中对色彩表现提出的五彩彰施对中国古代传统山水画起到了极具深远意义的影响。

图 3.45　明・王谔《月下吹箫图》

（二）计白当黑的五色墨韵

我国的色彩观受到五行思想极大影响，它是中国绘画色彩的启蒙基础。简单地说，在世界上有三种关于五行的起源学说：第一种觉得五行应该是源自于占星术，五行和金、木、水、火、土五大行星有关系；第二种是殷商占卜术，用甲骨卜辞中的“五方说”为五行说起源；最后一种就是在中国有着源远流长历史的“五材说”，阐释五行说是源起于组成世界的五种物质元素，即金、木、水、火、土。不过，也许这三种学说的有机结合才是“五行说”的真正起源和意义之所在：前两者合起来是把握世界、自身和信仰的时空——宇宙图式，在这样的图式中才可能真切落实在第三个方面，即认识和把握物质世界。正因为这样，“五行说”才能成为弥纶六合、包容万物、经纬宇宙、品类万物而贯穿古今的巨大力量。

色彩对于中国古代山水画绘画是非常关键的组成部分。它的色彩使用即是丹青和水墨并行。宋元时期，水墨成为中国山水画绘画色彩表现的主流。

图 3.46　宋·佚名《雪窗读书图》

出现了独具匠心的“计白当黑”的审美观念，因为中国古代山水画均是以墨色为主，淡彩为辅，墨色的灵活运用比彩色的五色更能表现大自然的生命灵气。山水画绘画颜色从丹青到水墨的变化，化繁为简的作画手法更加符合儒道思想对中庸、静心凝神境界的追求（图 3.45 和 3.46）。

（三）主观印证下的山水画色彩

纵观我国上下五千年的历史，我们初步发现了以唐宋为界限，唐宋之后的水墨画色彩更为盛行。但如果仅仅如此的话，似乎又太过于简单了。但无论如何它都向我们揭示了一个弹性立体蕴含着色彩发展双线索的话题。这种双线索表现为唐宋前以彩色胜，唐宋之后中国山水画绘画色彩以水墨最为繁盛，但色彩的使用也还是存在的。也可以这样说，在中国山水画绘画的色彩演变史上一直存在着两条线索，虽然说是两条线索，但色彩和水墨因为不同的时代所占据的地位不同，它们此消彼长，终于以水墨逐渐占据上风而成为中国画色彩之正宗。

道家的“道德经”中有，“大音希声，大象无形。大道不称，大辩无言。”深受老庄哲学思想影响下的中国山水画水墨画不仅仅是在构图造景上采用了以虚求全、以远立意营造画境的方式，同时更是舍色取墨，以水墨为上。就水墨本身的特性来说，水墨的气息更加符合自然的质朴，更能够展现出墨的自然属性。在画家作画的过程中，水与墨汁的关系丰富而且生动，变幻莫测，水墨比例不同的多种组合，有助于展现古代山水画家融入自然宇宙的精神世界，使画作更加充满灵气，也满足了观赏者的畅神之感。

（四）潜移默化的设色变迁

中国传统山水画的色彩使用一直都是在不断前进变化的。布颜图《画学心法问答》有云：“如染山头须上重而下轻，以留虚白，以便烟云出没。”[27]是指画家们为了在绘画的无限平面空间框架中加入有限的立体的效果，使画作的渲染给观赏者带来更加精美的审美感受，要用色彩的轻重效果营造画面。中国山水画的色彩运用在汉代和汉代之前大多以青、赤、白、黑、黄的五种色为主，唐宋以后以水墨为盛。而明代绘画处于资本主义开始萌芽的变革时期，出现了各种学术思潮，绘画风格受到了极深的影响，表现出色彩、水墨并行呈现的错综复杂局面（图 3.47 至图 3.50）。

五、文人哲匠与匠师同构

中国古代园林的建造是人为的对自然的仿造，是筑园匠师在分析体会大自然景观的鬼斧神工之后对其的模拟再建造，这种景观的再建造要求宛若天

图 3.47 明·仇英《辋川十景图》颜色色相分布分析图

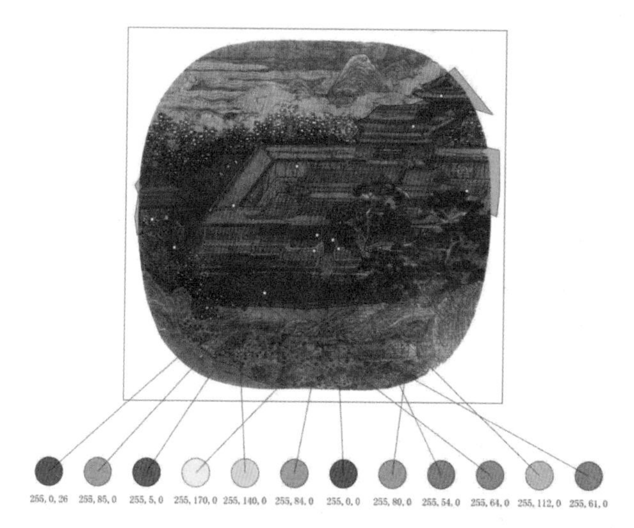

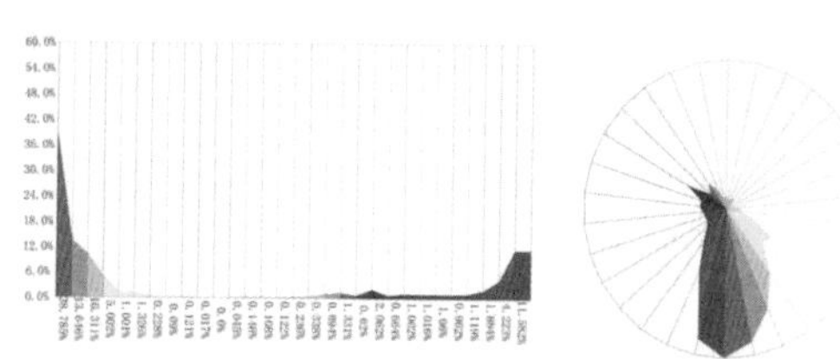

图 3.48　宋·佚名《曲院莲香图》颜色色相分布分析图

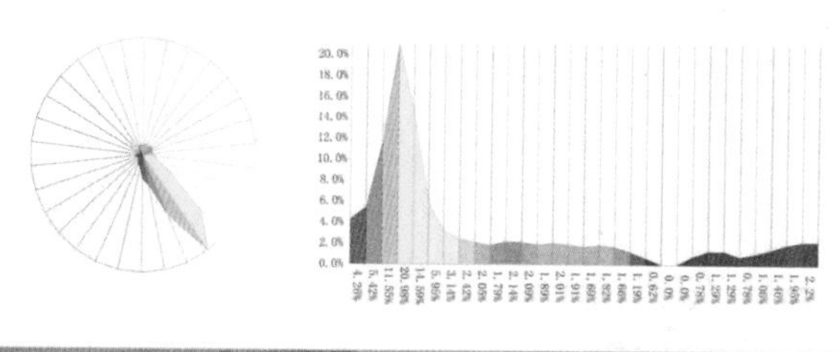

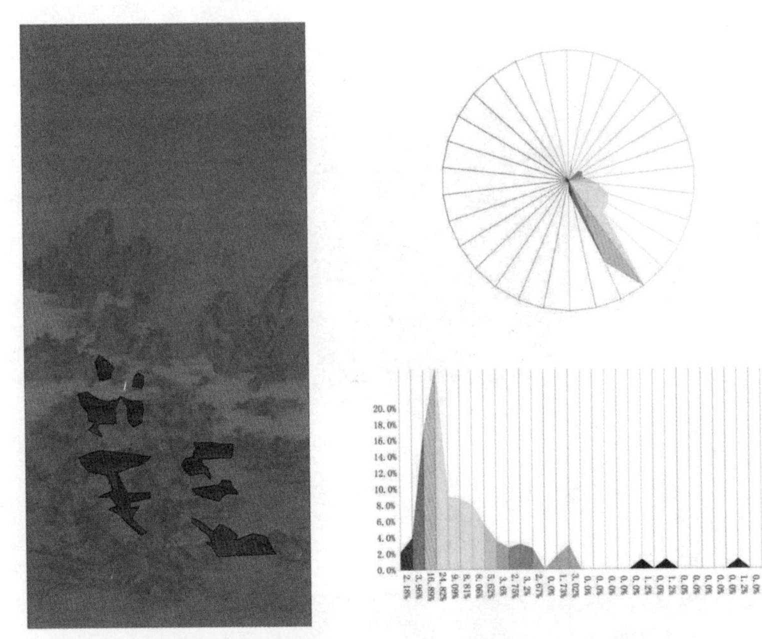

图 3.49　唐・李思训《九成宫图轴》（明人摹本）颜色色相分布分析图

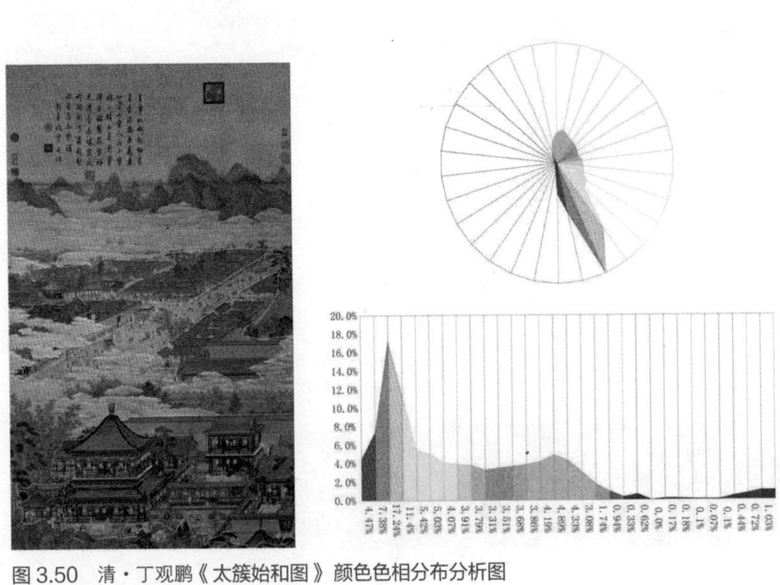

图 3.50　清・丁观鹏《太簇始和图》颜色色相分布分析图

图 3.51　清・冷枚《避暑山庄图》

开，要看不出有人工雕琢的痕迹。中国古代园林的发展史和中国传统山水画绘画的发展历史有着密切的联系。孔子曰："智者乐水，仁者乐山；智者动，仁者静。"昔日先人临摹山水，形成了山水画；古人仿造山水自然，则出现了园林，二者是一脉相承、同宗同源的。

(一) 文人造园

中国古代园林建造艺术的美学形式和观赏价值有了转变是在宋朝的时候，因为宋朝的文人墨客大多愿意介入到园林的景观营建中去，还有受到中国山水画绘画等审美意味的借鉴，影响造就了"写意"为中心的文人写意园林的呈现。文人写意园林的出现表现了中国古代园林营造美学达到了它的艺术最高点。"写意"的观念是源自于绘画技法，中国传统山水写意画自宋代开始出现，到元代逐渐完善成熟。中国山水写意画卷与文人写意园林二者在其各自的历史发展进程中表现出巧妙的同一性，我们借用山水写意画绘画技法的历史进程进行了解的同时也可以了解文人写意园林的发展历程。

在山水绘画中写意的审美形象由富贵转变成野逸；由推崇真实的描画客观对象改为向写意转变，采用了简单直率、大胆自由、随心随意的创作方式，向观者阐述呈现了画家作画时的思想情感意味（图 3.51 和图 3.52）。

图 3.52　清·袁江《别苑观览图》

（二）匠师同构

“辋川别业”地处终南山，它的构筑布置和园主人的隐逸思想相关，另一方面则迎合了园林欣赏的趣味。无论是“辋川别业”的景致题名，还是游览“辋川别业”的观赏者得到的感受，都和王维的山水画相通，有一种无法言喻的诗画境界。这种诗画意境和园林山水美景的意蕴的完美融合，表达出了诗人王维别具一格的独特审美个性，带给欣赏者愉悦的视听享受（图 3.53）。

“辋川别业”划分为 20 个景点，每个景点都有本身独特的特色，但又互相连接，组合整体。从《辋川集》的记载中也能够发现，王维著名的传世山水画大都是山林小景，展现出朴实、安宁的风格。其中空间与园林景观的陈设布置都讲究主次对比的关系，达到疏密、虚实、主从排布有序的效果，展现出独特的神韵变化。山水、树木这些自然景观是构成建造“辋川别业”的最主要的景观组成元素，因为它们能够表现出禅宗亲近自然、天人合一的观念，同时也表达了中国古代的自然美学。文学巨匠曹雪芹不仅有着极为博学的文学底蕴，同样抱有当时社会环境下普通士大夫的山水林泉之志。在他所写出的文学作品中，设计出了将山水艺术与人文精神和谐相融的园林美学景观。他用他博大精深的文学功底将古代园林的美学艺术审美引向了一个高峰，而古代园林美学艺术也将他的文学修养磨炼得更加精美绝伦。

图 3.53　明·仇英《辋川十景图》

（三）画筑同源

中国古典园林的造园法则和中国传统山水画的绘画技法是互相雷同的，园林的造园艺术法则就是用有限的空间、有限的景物来制造出无限的意境。比方说，中国画有“宽可走马，密不容针”之说，而与之相对的建造园林则是讲究在同一转变、协调对比等造园法则的前提下，对造景法则进行构想、举意、布局，将用来布置园林的景观要素组成一幅灵活的、三维动态的、立体效果的自然山水画。

绘画与建筑的关系至今为止是一个涵盖内容极为宽泛的话题，中国古代山水画与中国古代建筑建造都同为中国传统艺术中不可或缺的组成部分，同样也是世界艺术领域的重要构成部分。中国古代画家绘画之时，大多数人习惯使用建筑来作为一幅画的主要题材，当然在中国古代的园林建筑设计构成中，也多应用到中国画的绘画法则作为造园建筑的参照准则。中国古代建筑的自身就是一幅由建造师精心构筑的画卷，用园林的景墙作为画框，移步异景，情随意迁，体会着种种不同的画的韵味。

中国水墨山水画是我国民族所特有的一种不同于其他国家的美学艺术形式，中国古代传统建筑也是由我国独特传统文化中的精髓组织而成。中国水墨山水画和传统古建筑的艺术形式都存在着各自的独到之处，也有着彼此之间影响与促进的关系。

1. 疏密有致 主从分明

中国古代建筑群落的建造十分注重整体性。例如气势宏伟是多朝代首都建造宫殿的标准，要求结构对称和谐，建筑分布层次分明。故宫，其中心轴线上的三大殿是整个平面构图的重中之重，被建筑师反复强调它的重要性，就像中国画中画眼形象的塑造，以大面积的留白来凸显其重要的地位（图 3.54~图 3.56）。

作画中的疏密关系如果能够得到合理安排，那么这幅画作就能够呈现出

图 3.54 元・夏永《岳阳楼图》

图 3.55 明・戴进《溪堂诗思图》

图 3.56　清·袁江《观潮图》

一种巧妙的灵活感，主题的阐释会自动地显眼，反之这幅画作就会显得极为混沌不堪。疏密的疏处并不是什么都不画，虚无一物，而是要做到合理的留白，给观赏画作的人留下一定的联想空间；密集的地方也不是没有规矩的一味填满空白，而是有章法的、思路清晰的布局，在密处也能让观者觉得赏心悦目，不感到窒息。疏密对比在画作上的体现就是黑白、浓淡、聚散、虚实、藏露的变化等。中国古典园林造园中的疏密关系，大多在建筑的布置和假山、流水及花草树木的配置上有所体现，疏密的节奏在建筑营造上首要表现为古典园林中的建筑物要错落有致，有的部分建筑分布稀疏，另一些则分布较为密集。正是因为疏密的强烈对比，给观赏者带来一种张弛有度的感受。

2. 刚柔并济 曲折有致

中国古代的建筑在建造时大多是运用间架结构，多由线条构成，这和中国画中所说的笔触非常类似。用来承担房间结构的柱子，又或者是屋檐下横摆的大梁小椽，都不用隐藏，而是自然地露在外面。这些柱梁是承载建筑构造的基本格局的结构线，它们的自然存在和山水画作画中注重的结构美、线条美殊途同归（图 3.57 ~ 图 3.59）。

“竹径通幽处，禅房花木深。”在后世有人将竹径改为了曲径，一个曲字的变化，正是我国文人墨客所独有的对曲为美的审美观念的体现。我国古时候的绘画理论中，也一直大力提倡以曲为美，直则无姿的概念。而在中国古代的传统园林营造中，曲径也形成了许多各异的造型表现方式，以园林的

图 3.57 元 · 佚名《东山丝竹图》

图 3.58 明 · 刘珏《夏云欲雨图》

图 3.59　清·袁耀《蓬莱仙境图》

图 3.60 明·李士达《仙山楼阁图》

图 3.61　清・张雨森《秋林曳杖图》

图 3.62 元・王蒙《夏山高隐图》

组成三要素来说，曲的表现形式主要体现在建筑建造分布的曲径、山水景观自然组合的曲径和花草树木幽折迂回的小路形成的曲径三大类上。清代的皇帝乾隆曾经于《涵雅斋得句》中说：“回廊宁借多，曲折以致深”，非常形象地向后人解释了园林营造中建造曲径通幽所具有的空间效果。“刚柔并济、曲折有致”可以丰富园林的空间层次，使园林景色更加具有移步异景的灵动效果和景致深邃的艺术美。

3. 藏露并从 前后掩映

由于中国古代传统建筑主要是以群落建筑的设计布势为主，这就展现出了中国古代建筑群落的亦内亦外、模糊的建筑空间划分，并且在建筑群落的外部空间中，又存在着亭台、廊榭与内部空间遥相呼应或藏或露地体现了古代建筑群落对自然的追崇（图 3.60~ 图 3.62）。在中国画的绘画构图中，藏和露的构图手法也是画家极为重视的。当作画者使用“藏”的构图手法时，往往是为了让画幅中作为主要景观的物象更加鲜明，而把不重要的物象隐藏在其他的景物里，但有时却也相反，故意把美轮美奂的景致有意识地遮蔽起来，用来显示这处景象的深邃，留给观赏的人足够的联想空间。山水画里，作画者为了留给赏画人对美景的想象空间，使用藏景的手法将后景的绘画若隐若现，引人遐思。

4. 动静呼应 虚实相生

传统水墨画提倡虚实相间的灵动美。画在有笔墨处，妙却在无笔墨处。我们对山水画中的虚称为“留白”，它是构图法中的一种主要的绘画表现技法，能明确地呈现出画家想要对欣赏者表示的全部情感，留白可以替代云水、天空等等，画家在绘画中的留白带给观赏者充足的想象空间，引发对这幅画作的无限遐想。留白并不是空无一物，而是用留白来衬托虚的景致，现实中的作用是为了夸大突显实景的精美（图 3.63~ 图 3.65）。

传统水墨山水画里虚与实的表现技法同样指导影响了古典园林营造的空间设计。园林的创意营造是空间的设计艺术，空间可以理解为虚，是不能触

图 3.63　明·李在《米氏云山图》

图 3.64　明·刘珏《烟水微茫图》 图 3.65　明·盛茂烨《梅柳待腊图》

碰的、没有形象的、难以言喻的微妙的感受，因为空间所存在的内容、规模的不确定，让观赏者在观赏品鉴一处空间时会主观地出现各式各样的臆想，难以言喻。

注释

①引自《管子》,(唐)房玄龄注,刘绩增注.上海:上海古籍出版社,1989.9,第128页。
②引自《荀子》，方勇，李波译注.北京：中华书局，2011.3，第265页。
③引自《庄子》，方勇译注.北京：中华书局，2010.6，第331页。
④引自《庄子》，宁远航译注.西安：陕西师范大学出版社，2009.9，第34页。
⑤引自《荀子》，方勇，李波译注.北京：中华书局，2011.3，第187页。
⑥引自《中国画论类编》，俞剑华.北京：人民美术出版社，2000。
⑦引自《苏东坡全集》，段书伟等主编.北京：燕山出版社，1998年，《书鄢陵王主簿所画折枝二首》。
⑧引自《美学散步》，宗白华.上海：上海人民出版社，1981.6。
⑨引自《画山水序》,(南朝·宋)宗炳、王微著,陈传席译解.北京:人民美术出版社,1985，第5页。
⑩引自《画山水序》,(南朝·宋)宗炳、王微著,陈传席译解.北京:人民美术出版社,1985，第5页。
⑪引自《林泉高致》，（宋）郭思编，杨伯编著.北京：中华书局，2010.9，第39页。
⑫引自《中国画论类编》，俞剑华著.北京：人民美术出版社，1986，第278页。
⑬引自《礼记》，陈注.上海：上海古籍出版社，1987.3，第18页。
⑭引自《林泉高致》，（宋）郭思编，杨伯编著.北京：中华书局，2010.9，第94页。
⑮引自《林泉高致》，（宋）郭思编，杨伯编著.北京：中华书局，2010.9，第39页。
⑯引自《礼记》，陈注.上海：上海古籍出版社，1987.3，第1页。
⑰引自《左传》，左丘明著，张宗友译注.郑州：中州古籍出版社，2010，第28页。
⑱引自《荀子》，方勇，李波译注.北京：中华书局，2011.3，第242页。
⑲引自《礼记》，陈注.上海：上海古籍出版社，1987.3，第132页。
⑳引自《中国画论类编》，俞剑华著.北京：人民美术出版社，1986，第205页。
㉑引自《画筌》，（清）笪重光著.四川人民出版社，1982.2，第13页。
㉒引自《中国画论类编》，俞剑华著.北京：人民美术出版社，1986，第190页。
㉓引自《中国画论类编》，俞剑华著.北京：人民美术出版社，1986，第120页。
㉔引自《中国画论类编》，俞剑华著.北京：人民美术出版社，1986，第318页。
㉕引自《中国画论类编》，俞剑华著.北京：人民美术出版社，1986，第727页。
㉖引自《中国画论类编》，俞剑华著.北京：人民美术出版社，1986，第188页。
㉗引自《中国画论类编》，俞剑华著.北京：人民美术出版社，1986，第213页。

参考文献

[1] 李泽厚 . 美的历程 [M]. 天津：天津社会科学院出版社，2001.
[2] 宗白华 . 美学散步 [M]. 上海：上海人民出版社，1981.
[3] 毛兵，薛晓雯 . 中国传统建筑空间修辞 [M]. 北京：中国建筑工业出版社 .2009.
[4] 彭兴林 . 中国经典绘画美学 [M]. 济南：山东美术出版社 .2011.
[5] 金学智 . 中国园林美学 [M]. 北京：中国建筑工业出版社 .1999.
[6] 王文娟 . 墨韵色章：中国画色彩的美学探渊 [M]. 北京：中央编译出版社 .2006.
[7] 侯幼彬 . 中国建筑美学 [M]. 北京：中国建筑工业出版社，2009.
[8] 高居翰，黄晓，刘珊珊 . 不朽的林泉：中国古代园林绘画 [M]. 北京：生活・读书・新知三联书店，2012.
[9] 郑玄 . 周礼・仪礼・札记 [M]. 长沙：岳麓出版社 .2006.
[10] 张彦远 . 历代名画记 [M]. 北京 : 人民美术出版社 .1963.
[11] 邢涛 . 中国传世山水画 [M]. 北京 : 中国音像出版社 .2005.
[12] 郭熙 . 林泉高致 [M]. 上海 : 上海书画出版社 .2006.
[13] 文萤 . 玉壶清话 [M]. 北京 : 中华书局出版社 .1984.
[14] 钱学森 . 科学的艺术和艺术的科学 [M]. 北京 : 人民文学出版社 .1994.
[15] 魏士衡 . 中国自然美学思想探源 [M]. 北京 : 中国城市出版社 .1994.
[16] 计成著 . 陈植注释 . 园冶注释 [M]. 北京：中国建筑工业出版社 .1988.
[17] 张光福 . 中国美术史 [M]. 北京 : 知识出版社，1990.
[18] 孙莜详 . 山水画与园林——山水画中有关园林布局的理论 [M]. 南京：江苏人民出版社 .1987.
[19] 陈传席 . 中国山水画史 [M]. 南京 : 江苏美术出版社，1988.
[20] 谭刚毅 . 两宋时期的中国民居与居住形态 [M]. 南京：东南大学出版社，2008.
[21] 雷绍锋 . 臆说《清明上河图》[M]. 济南：山东画报出版社 .2008.
[22] 冯民生 . 传统绘画空间表现比较研究 [M]. 北京：中国社会科学出版社 .2007.
[23] 彭一刚 . 中国古典园林分析 [M]. 北京 : 中国建筑工业出版社 .1986.
[24] 曹林娣 . 中国园林文化 [M]. 北京 : 中国建筑工业出版社 .2005.
[25] 赵思毅 . 张赞 . 中国文人画与文人写意园林 [M]. 北京 : 中国电力出版社 .2006.
[26] 金双 . 山水画与文人园 [J]. 苏州大学学报 (工科版).2003,3.
[27] 崔波 . 谈古典园林艺术中的山水画特色 [J]. 安阳工学院院报 .2007,5.
[28] 章采烈 . 论中国园林的布局艺术 [J]. 古建园林技术 .2002,l.
[29] 黄海静 . 壶中天地天人合一中国古典园林的宇宙观 [J]. 蜇庆建筑火学学报 .2002.
[30] 王振复 . 中国建筑的文化历程 [M]. 上海：上海人民出版社 .2000.
[31] 王毅 . 园林与中国文化 [M]. 上海：上海人民出版 .1995.
[32] 周来禅 . 论中国古典美学 [M]. 上海：上海人民出版社 .1981.
[33] 俞剑华 . 中国画论类编 [M]. 北京：人民美术出版社 .2000.
[34] 卢辅圣 . 中国书画全书 [M]. 上海：上海书画出版社 .1993.
[35] 宋建明 . 认识人文色彩 [M]. 上海：上海人民出版社 .2000.
[36] 冯天瑜，何晓明，周积明 . 中华文化史 [M]. 上海：上海人民出版社 .1999.
[37] 郭廉夫，张继华 . 色彩美学 [M]. 西安：陕西人民美术出版社 .1997.

[38] 王振复 . 东方独特的大地文化与大地哲学 . 中国建筑文化大观 [C]. 北京：北京大学出版社，2001.
[39] 夏燕靖 . 中国艺术设计史 [M]. 沈阳：辽宁美术出版社 .2001.
[40] 侯涛 . 浅论江南文人园林布局与意境营造 [D]. 华中农业大学硕士学位论文 .2007.
[41] 段书伟 . 苏东坡全集 [M]. 北京：燕山出版社 .1998.
[42] 李义娜 . 论界画建筑空间关系的表现 [M]. 北京：中国建筑工业出版社 .2010.
[43] 初冬 . 复归“山水”[D]. 天津大学博士学位论文 .2014.
[44] 彭兴林 . 中国经典绘画美学 [M] 济南：山东美术出版社 .2011.

第四章

文本之下山水画中的建筑形态研究

一、山水画与建筑园林交互影响的文本脉络

二、图像历史的建筑发展隐迹

三、中国山水画文本图像中的建筑形态研究

四、群体组合深层的理想状态研究

一、山水画与建筑园林交互影响的文本脉络

（一）文本形象

1. 文本形象的积极建构

山水屋木构建建筑文本的方式，就如同在具有中国传统思想的经典典籍《论语》与《庄子》之中通俗易懂地以讲故事的方式进行表达，正是因为其浅显易懂的表达形式，才使人们在潜移默化之中通晓其要表达的深邃内涵。因此我们得出的结论就是——人们在理解和学习的过程中，感性的形象远比理性的思想更容易被接受，所以我们或许应该遵循“形象大于思想”这一理念，少一些理性分析，多一些想象塑造，积极的建构文本形象。而且在这个过程之中，可以达成言语和精神的和谐共通，实现工具性和人文性的有机统一，进而便于解读人文内涵的深邃本意。

首先可以把常见文本形式进行系统化的划分，主要有三大类，即现实文本、理想文本和意向文本，这三大类主要是根据文本存在的形态来进行划分的，通过本文的形态达到对文本形象进行积极构建的目的。其中现实文本又分为两种：一是在历史上的某一处或者某一个时间点上存在过的文本，不管它们存在的时间长或短，无论是存在于作者头脑之中或之外，哪怕仅有过一瞬间都可以归结为现实文本；此外就是当前存在的文本。第二种文本的类型则是理想文本，理想文本是一种存在于人们头脑之中的文本，它不是现实存在着的文本，而是解释者头脑中想象的，是依附于想象而存在的文本。最后一类意向文本就是仅仅作为作者的意向而存在的文本。

2. 文本形象的深入解析

重回山野的目的不仅仅是直接进入到山野之中去得到最直接的感受，还有一个十分重要的原因，就是对于山水绘画图像文本的追踪。而在这些图像文本之中，记载着对山水十分重要的探究。中国山水绘画最早起源于东晋，那时的绘画形式与技法很明显是参考了山水舆图来进行创作的。王镇华在《华

夏意象——中国建筑的具体手法内涵》中有这样一观点，“从庭中阳光的移动，可以感觉‘天时’的变化。从庭中阴雨风雪的来临，可以知道‘节气’的变化。从空气的新鲜、阳光的温暖，可以感到人的生命与大自然的活力息息相关。”[①] 这幅画作中的廊是一个中介桥梁，它起到连接每一个建筑空间的作用，而门作为一个单体在院落中起到的作用是这个空间的起点与终点，最后的围合边界则是用一些院落中的围墙、配殿和厢房来充当。这都深刻地说明了图像文本的产生与发展具有意识形态性，并不是毫无目的发展生成的。

正如我们所了解的，人们常以当下所处的社会文化来解释和分析世界，而这种认识世界的方法具有一定的“约定俗成性”。原因是人们在解释分析的过程中会不自主地受外界因素的影响从而形成联想和进行判断，不断地赋予其新的意义。我们会依据已经确定了的规则来排列分析出新的符号，这就是我们所说的普遍意义的约定俗成。图像文本符号象征着一种最原始的关联，在社会生活环境中的具体事物、人物或事件与它的基本特征是相关联的。这就是文本形象的精妙之处，我们可以从中分析出很多的道理。

（二）图像文本：中国传统山水画和界画

1. 中国传统山水画和界画

人们用图像符号的意义来阐释构成了人们日常生活中各种视觉技术以及它们所展现的影像，这不仅仅表现为我们印象之中一个共识世界的图像文本，其呈现出来的是人们看世界的视野。那么现实意义中的图像到底是什么呢?

我们可以在以上的论述当中得到一个最简单的概念，那就是图像不仅仅是静止的，还存在于动态之中。而本书主要研究的是绘画图像中的中国传统山水画和界画，并且是在图像中追寻建筑发展的隐迹。

随着社会的不断进步，图像也逐渐成为了一种重要的载体，它不仅仅是一种符号，也是一种有着特定含义的文本符号。米歇尔关于此类现象曾提出过这样的观点，形象作为一种人们所熟知的文本形态，它不仅仅是一种流行的智慧，更是一种创新的东西。通过这样的描述，我们可以得出一个结论，即图像是被人们分析出的一种静态的或者说是动态的文本，也代表着一种符号。在一定的程度上具有特定的价值和意义，与此同时还反映着一定的社会风貌与现状。

当我们把山水画看作一种建筑形象来对待时，虽然那些建筑形象起到的是一种辅助作用，辅助人们在里面从事各种活动以及娱乐，同时还衬托着环境。但是山水画的表现手法十分细腻，通过细致描绘建筑的基本特征来表达作者在创作中所要表达的中心思想。那些所描绘的建筑形象的群组关系与环境的融合关系在整体的画面中都有着充分的体现。这种建筑画在我国绘画史上有着悠久的历史，界画就是一个典型的例子，界画是古建筑画的主要表现形式之一，也是最能体现时代建筑特点的一种画作。中国建筑的发展在不同时期的界画中都有一定的呈现，界画是科学和人文融合的产物，在科学和人文的最高境界上达成一致。山水画、界画的创作囊括了各个时代不同的审美、理想与表达观念，以及生态环境认知等内容，因此有人称中国的"界画"是对古代建筑创作文化史的记录与解说。

2. 建筑形象在传统山水画中的呈现

在我国历史文化发展的长河中，五代时期的绘画作品就开始出现比较完整的建筑形象，这可以说是出现完整的建筑形态的最早时期。在《历代名画记》中曾经有这样的记载，从北朝末到唐代初有许多善画楼台殿宇的名家，能够完整地表现建筑形象，如我们所熟悉的展子虔、杨契丹、阎立德兄弟、董伯仁等人，但是他们几乎没有作品流传于世。界画有很大一部分都是以建筑作为主体，唐代的时候人们开始把建筑画中的屋木形象称为"楼台"或者是"台阁"，名为"屋木"者，一般即指以建筑形象为主题的绘画。宋代"屋木"已经是一种独立的绘画门类，并且已经开始有自己的特点。在当时出现了许多著名的画家，如郭忠恕、卫贤、胡翼等等，其中对界画贡献最大的要数卫贤、郭忠恕两个人了，为后人对山水画的研究提供了巨大的帮助，可以说是界画的启蒙时期。

3. 唐及五代山水画中的建筑形象

在唐及五代的时候对展子虔有这样的评价，“触物留情、备皆妙绝、尤喜台阁、人马山川、咫尺千里”，[②] 可见评价之高。展子虔的代表作《游春图》在林木山水间我们可以看见亭子和廊桥等建筑形象，但在展子虔现留存下来的作品中，很少有专门描绘建筑形象。与展子虔同时代的董伯仁对建筑物的刻画则要更好一些，曾有这样一句话“董有展之车马，展无董之台阁”来形容当时二者之间的关系。当时界画画家的代表作有《杂台阁样》、《隋文上厩马图》、《农家田舍图》等，遗憾的是没有一幅能够完好保存至今。

4. 宋代山水画中的建筑形象

在宋代的山水画中，最能表现出宋代建筑形象风格的作品是北宋晚期的画家张择端的《清明上河图》，《清明上河图》体现了当时北宋都城下梁下

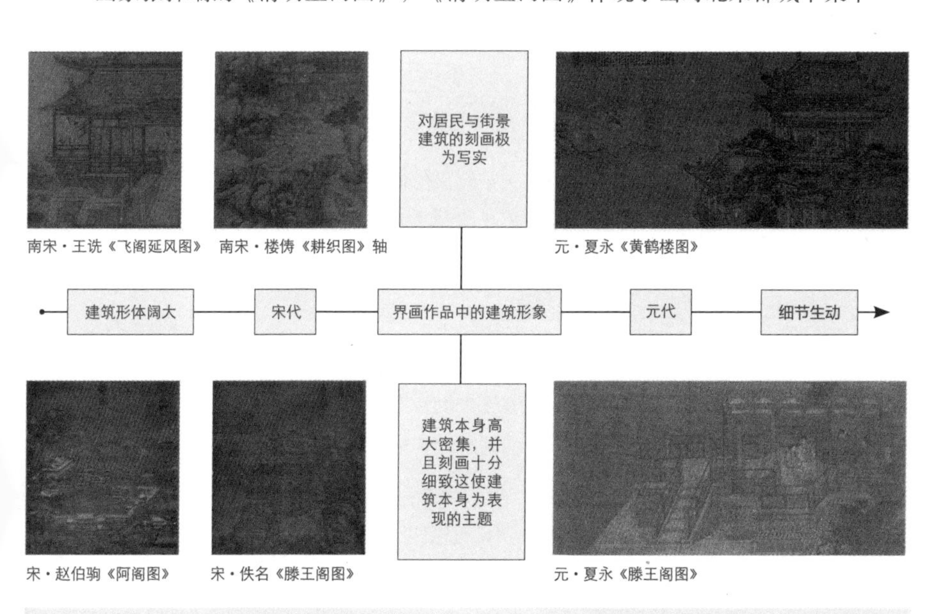

图 4.1　宋元界画比较图

河沿岸以及市区清明时节的社会现状。这为后人研究宋代当时的建筑特征以及街道布局还有民俗都提供了宝贵的图像文本资料，其中最有代表性的就是对民居与街景建筑的写实刻画。例如：当时屋顶的形式大部分为悬山式或者是歇山式，在屋顶的上方加天窗作为装饰也是常见的手法。对于房屋细节的刻画可谓细致入微，大建筑用界笔直尺做辅助，小建筑用徒手表现，强调用不同的方式表现出不同种类建筑的特点，并且对于店铺、酒楼、城门、民宅等建筑形象的刻画十分的生动而逼真（图 4.1）。

5. 元代界画的中建筑形象

元代的“元四家”对后世文化的发展起着极为重要的历史作用，在文人画画坛上有着主导地位，相比文人画来说，屋木界的处境则略显尴尬，常常得不到世人的重视。尽管如此，仍有王振鹏、李容瑾、夏永等画家坚持屋木画，而且有高水准的作品流传世间。与宋代界画相比，元代的界画表现手法更为复杂，其中建筑形体扩大了许多，而且细节也变得生动与丰富起来，代表作品如《明皇避暑图》、《广寒宫》、《阿阁图》等，在以上作品中可以看出建筑本身高大密集，并且刻画十分细致，这使建筑本身作为表现的主体，为后来人们对当时时代特征的研究提供了宝贵的图像文本资料。

6. 明清时期界画中的建筑形象

明清时期，文人画得以迅猛发展，开始出现大批非常著名的画家。此时界画呈现出衰落的趋势，虽然在当时还有一小部分的画家用界画刻画建筑形象，但是在某些人物山水画作之中，以建筑作为主体的表现形式开始大幅度减少，绘画的水准也没有以前高。明清时期的绘画作品大部分用山水作为主题，而建筑形象多用来作为点缀，其中艺术的加工方式也开始变得简洁，这更好地与文人画笔墨苍浑、豪放散逸的意境相通。但是并不耽误我们对于明清时期建筑形象的理解，虽然明清时期的界画较少，但是保留到现代可以提供借鉴的作品却是最多。

7. 北宋汴京宣德门的图像资料比较研究

北宋时期赵佶的《瑞鹤图》（图 4.2）和宋代画家所作的《汴京宣德楼前演象图》都是把北宋东京汴梁宫城正门宣德门的建筑作为主体进行刻画的，是宋代界画中描绘建筑的经典之作，并且能充分地反映当时的时代特征。傅熹年先生在《宋赵佶〈瑞鹤图〉和它所表现的北宋汴梁宫城正门宣德门》一文中结合文献记载，深入地阐述了宣德门形制的历史变化过程。《瑞鹤图》描绘的是当时还没有进行扩建的宣德门，总体平面为凹字形，采用的是常规的构图方式，以正中央高大的门楼为主并配以左右两边的朵楼，并且在朵楼的正前方配以辅助的阙楼。在楼与楼之间采用廊的方式进行连接，其中主门楼采用单檐歇山顶来进行装饰，在左右两侧起辅助作用的朵楼均为单檐庑殿顶，联廊为单檐屋顶。屋顶的装饰都采用绿琉璃瓦，正门楼下的门墩应开有三个木构城门为道。之后的扩建工程，在北宋宣德门铜钟的浮雕上留下了图像资料。总体平面仍然是当时的凹字形，门楼为单檐庑殿顶，门楼下的门墩开五个题型木构城门道，其两侧朵楼亦为单檐庑殿顶，阙为三重子母阙，其中母阙面阔三间，二子阙 各一间，母阙与子阙俱为单层，亦为单檐庑殿顶。这幅画在当时具有开创性的意义，是当时建筑形象的典型代表。绘画中屋顶的形式多样：如歇山式顶、单檐庑殿顶都是当时先进的屋顶形式。在屋顶的材料选择上面采用绿色的琉璃瓦进行装饰，这在颜色的运用方面较以往不同，具有新的时代特征。

图 4.2　北宋 · 赵佶《瑞鹤图》

（三）图像文本中的空间属性

1.空间的物质属性

在我国古代的绘画作品中，对空间的把握有着一定的规律，空间在绘画作品中有着一定的属性，我们首先说明的是空间的物质属性。空间的物质属性从字面的意义上可以看出，在空间之中有一种物质观点关系。举个例子来说，《洛神赋图》作者非常成功地表现了一种空间的连续组合与空间的叙事效应。隋唐时期是中国古代界画造型表现语言成熟的重要时期，在当时的画史文献中已经开始出现许多著名的画家，如展子虔、杨子华、阎立本等。他们都精通绘画作品的空间营造与把握。虽然这些画家传世的界画作品少之又少，但是人们可以从唐代壁画中了解有关建筑空间营造的特点，了解到当时唐代的界画作品中的建筑在造型语言运用上的情况。到了之后的五代宋元时期，界画的发展对空间的营造已经非常成熟，并且思维方式也十分的跳跃。其中最有特点的就是大型的宫殿建筑，对于宫殿建筑的整体性把握十分突出，在空间的营造上也体现了当时的时代特征。之后的明代界画在空间的营造上与之前的宋元时期十分接近。到了清代在传承宋代界画基础的同时也有了一定的创新，主要是空间形式上的创新。其中的代表人物有袁江和袁耀。这都为后来人们对界画中建筑的研究提供了宝贵的经验，并且方便后人创造空间形式。

2.空间的精神属性

最早在先秦时期，古人就提出了人与自然相互关系的论题，突出强调整体融合的宇宙观，其中“致虚极，守静笃”的道家思想，就是人们通常所说的天与地浑然一体，人与物和谐统一的观点。山水画的建筑景观造型已经脱离于具体物象而存在，开始着重描绘人们的内心世界。举个例子来说明画家的内在品格气质与自身的修为，如南齐谢赫在“六法论”中将“气韵生动”列为第一，并且提出了点评中国画作品优良的首要原则是“气韵生动”。当社会在不断地发展进步，绘画作品能够表现出绘画人的内在气质的时候，“气韵生动”才可以更好地被诠释和运用。

3. 空间的社会属性

许多绘画的创作者只是通过图像背后的意识和形态说些故事，叙述一下他作为“人”的存在处境而已，这是哲学式的思考。而且图像空间与人的联系十分密切，所以具有一定的社会属性，这种社会属性随着时间的推移不断地变化和丰富。图像中的空间是特定的，它不是单独存在的，是依附于人的生存环境和活动空间存在的，所以在图像文本中具有一定的社会属性，且它无时无刻都存在于我们的生活之中。

（四）中国古典园林建筑和传统山水画艺术存在本质联系

在中国的古典园林建筑当中，无时无刻不体现着人工美与自然美的巧妙结合，使建筑创作达到了一定的高度与境界，这是建筑师们在很长一段时间内经过一代又一代的设计与打磨研究出来的。在其中运用了各种造园手法，将建筑中的山水与人的关系巧妙地结合在了一起，并且将建筑中的花草树木全部打乱再进行有意识的重组与排列，最终形成一种源于自然但是高于自然的境界。它虽然具有相对的独立性，但是其发展与各行各业及其周围环境是密不可分的，这就好比在哲学中所提到的因果辩证统一关系一样，意思是说，它的发展与自然界的万事万物都存在着一定的联系。把这个应用到中国传统古典园林与绘画艺术当中，其内在含义是一样的，都是在说明中国古典园林与传统绘画艺术存在着密不可分的联系。绘画艺术可以理解为是平面的二维艺术，而建筑艺术可以理解为是立体的三维艺术，他们二者在悠久的文化历史当中起到了相辅相成的作用，并且有着本质性的内在联系。

1. 古代山水画艺术

在中国古代山水画艺术中，通常运用点线面的构成方式，通过色彩与透视的巧妙运用创造出优秀的山水画。山水画不仅仅反映出当时作画者最直接的感受与心态，还与当时的古典园林建筑有着一定的关系，反映着当时的建筑特征。

我国古典的绘画艺术就是运用点线面、色彩与透视构图等艺术创造手段在平面上创造图像，这些图像是为了反映现实和表达审美感受、思想情感的艺术，并且它与古典园林建筑有着紧密的艺术契合。而古代的国画艺术也有着一定的特点，其主要是运用毛笔、墨、绢、纸为主要工具，其中掺杂散点透视与造型构图，使作品具有生命力。其中具有代表性的作品是明代李在的《山村图》和明代陆师道的《乔柯翠林图》。随着人类社会的进步与发展，中国传统的山水画艺术也在经历着曲折与漫长的发展，由于中国每个时期的社会发展特点不同，绘画的发展特点也有所不同。绘画艺术逐渐与传统的工艺结合起来，具有很强的装饰性，这就是人们通常所说的装饰绘画。这种装饰性绘画在建筑当中的应用颇为广泛，它和建筑发展有着密切的关系，起到了互相促进的作用。举个例子来说，中国古代建筑受到文人画最直接的影响就是注重诗情画意的创造，社会在不断地发展与进步，而人们的审美也在不断的进步。换句话来说，人们不仅局限于建筑的美观，更加注重建筑所表达的精神意境。

2. 与山水画法相通的造园法则

在宗炳的著名作品《画山水序》中有这样的观点，就是“夫以应目会心为理者，类之成巧，则目亦同应，心亦俱会，应会感神，神超理得。”[③]在中国古代建筑的建造法则当中，通常采用有限的空间与景物创造出无限的意蕴，这就是古人常说的“小中见大”的思想，古代这种绘画艺术法则是建筑思想理论的源泉。古典的中国建筑讲究的是在和谐统一的基础之下，了解建筑与周围环境的关系之后再开始进行构思。其中通过物体的大小与空间和色彩的对比，来寻找建筑的布局统一。而这种在建筑上应用的布局方法，通常在中国传统的绘画艺术当中也随处可见。中国古典园林建筑中每一个建筑都不是孤立存在的，园林内部的廊桥与树木都是相辅相成的，这些都无时无刻不体现着绘画与建筑之间的联系。在中国古典园林建筑当中起到辅助与修饰作用的是雕刻艺术与绘画艺术，例如在古建当中配有彩绘与浮雕等装饰，都体现了建筑与绘画互为依靠的关系。

米芾常云：“山水古今相师，以有出尘格者，因信笔作之，多烟云掩映树石，不取刻意以便已。”[④] 米氏的山水画，虽是墨戏之作，信笔点缀，率意为之，却不为绳墨法度所拘束。由以上论述我们可以得出绘画就好比一种设计思想，主导着建筑建造，而建筑则是绘画理念具体实施的产物。如果想要正确地对中国古典建筑和绘画艺术进行了解，就必须对他们二者的关系进行深刻的探究。

艺术家们在其创作过程中既看重它与自然和谐统一的关系，又看重建筑的美观形式，并且建筑必须有其内在含义，可以表达艺术家的个性，抒发艺术家内在的、与众不同的情感。而且这种个性也要充分地回归到以人为本的基本思想上，比如说古代帝王对宗法制度的崇拜，导致在建筑上大量的运用龙与凤进行装饰，以便突出皇权的至高无上和在建筑上体现出严格的等级制度。中国古代建筑始终都是在为皇族服务的，比如建筑的外观与内在结构，无时无刻不体现着当时的时代特征。而这种建筑的等级制度在现代举个例子来说就是北京的故宫，故宫中，对建筑色彩与花纹的装饰都有着严格的要求。龙凤是皇家的专属图案，平民百姓不允许使用龙凤来装饰建筑。而在南方的私家园林建筑中，只要不触犯皇家的装饰纹样，就可以自由地发挥以追求建筑的美感。

二、图像历史的建筑发展隐迹

中国古典建筑与传统的山水画之间有着密不可分的联系，在共同的文化和思想基础上又相互促进、相互影响，二者相辅相成、密不可分。魏晋南北朝时期是建筑与山水画发展的萌芽阶段，唐宋时期是山水画的发展成熟阶段，其中最大的转变就是两宋时期的文人山水写意画发展非常迅速。明清时期二者的发展达到了空前绝后的地步。从历史的发展轨迹中，我们可以得出，中国传统山水画与古典园林之间存在着共通性，如画家亦造园家、画论亦园论、画境亦园境、画情亦园情，这些都为中国的传统绘画打下了坚实的基础。山水画的创作技法与绘画理论对江南古典园林造园艺术的影响深远。“江南园林甲天下”，可以说江南古典园林是中国古典园林建筑的精髓所在，并且完整地诠释了中国古典园林建筑的美学特征。

中国古典园林建筑与中国传统山水画艺术有着同样的构成元素，即建筑、水体、植物等等，其两者都是通过景观元素按照规律的排序创造出新的构成形式，并且都是以自然山水作为出发点进行创作的。通过创造，表达出创作者内心的精神境界，其中具有代表性的山水画作、园林建筑有明代唐寅的《守耕图卷》。《守耕图卷》表现了当时人们向往自然并且寄情于山水田园的特点。

江南古典园林与中国传统山水画创造皆讲究天人合一与师法自然，并且有着互通的艺术法则。在创作过程之中，它们都注重作品所表达的内在意境，在建筑中，门和窗可充当画框，将园林建筑中的景观有机地结合为一体。园林建筑中的空间处理形式与中国传统山水画的创作方法有着异曲同工之处。山水画的构图颇为讲究，通常采用散点的透视方法来处理空间，注重空间中的藏与露、虚与实、以小寓大和取舍的合理安排，这些对于中国传统的园林建筑创作有着不可磨灭的作用。中国古典园林建筑艺术经过设计师的巧妙构思与设计，创造出具有其内在独特价值意义的建筑，通过自然界中的固有元素，如花草与树木的排列组合来创造出多种形式的艺术形象，给人一种美的享受。这都体现了与西方的园林艺术在本质上的区别，而它所遵循的艺术审美法则，符合当时人们的审美意识。在造园活动中，通过不同的形式法则来布置园林，将作者想要表达出的思想发挥得淋漓尽致，在这一点上为后人提供了宝贵的经验，值得我们借鉴学习。

（一）山水画与建筑园林的交互发展

中国古典园林建筑的发展和中国传统山水画的起源有着紧密的联系，他们的创作过程相辅相成，并且在我国悠久的历史文化长河中相互作用地发展着，逐渐形成其特有的文本表达形式。在中国远古时期，人们就有着亲近自然的想法，古代人们通过描绘自然的山水屋木，来体现对自然的理解，中国画的萌芽、发展到成熟，其起源即可追溯到遥远的史前时期人们的这种对自然界的描绘。而通过绘画的形式描绘的山水屋木，也就是中国人对于古典园林建筑意识的开始。因此，绘画对原始社会的园林艺术的萌芽产生了一定的影响。而中国山水画的发展与园林建筑的关系，则是一个十分漫长的历史成长过程。秦汉时期是民族艺术发展十分重要的时期，那时的画种大概包括壁画、帛画以及作为建筑装饰构件的画像石和画像砖等，其中多数以壁画为主，当时还没有出现山水画，但从这些绘画形式中我们仍可看到绘画，乃至山水画的发展历程。在有迹可循的遗迹中，壁画、帛画及画像石和画像砖作为最早的绘画遗存，成为我们可参考的资料。如我们看到以祈福为重要内容的汉墓壁画具有一定的人文因素表达，并且其绘画内部的写实色彩已经开始初步成形。其中最著名的是东汉时期壁画《山水图》，《山水图》的出现就已经证明了中国的山水画正在开始成形。园林建筑是在秦汉时代开始出现的。秦建立了大一统的封建帝国，国家的统一促进了中国绘画艺术和园林建筑的发展，因为在当时，绘画与建筑开始为皇家服务，在增加了写实色彩和人文因素的同时，还体现着一定的等级制度，体现了皇权的至高无上性。

当时的园林建筑已经开始与自然山水有意识地结合到了一起，其标志就是当时山水宫苑的出现，而且表现着人们开始把建筑艺术与自然山水巧妙地进行结合。此外，随之就开始出现了山水画与界画，这两种画种对中国的历史发展有着深远影响，其中最具有代表性的要数屋木画了。在傅熹年的著作《中国古代的建筑画》中很好地解释了“屋木画”这一词汇的内在意义。

古典园林的一个重要转折期是魏晋南北朝时期，其标志是山水画的产生与自然山水的发展。很大的原因是当时社会处于长期的战乱与动荡不安，使得社会充满消极与悲观的情绪，人们开始变得不想面对现实，名士们纷纷寄情山水来逃避残酷的社会环境，这样的大环境促进了绘画艺术和学术思潮的发展。而且当时的社会被《庄子》和《老子》的玄学思想主导着，受这些社会思潮的影响，形成多种多样的发展，此时的山水画才开始真正意义的萌芽。山水画的发展到南北朝后期才开始形成自己独特的体系，山水画理论在南北朝时期就已走向成熟，着重突出空间的表现方式并且具有一定的规律，都体现着中国传统的哲学思想，并且对后来的园林创作产生了深远的影响。这说明了山水画的创作离不开自然形象，需要借助自然形象来表达作者的内心意境。

在山水画最开始得以兴盛与发展的时候，它仅仅局限于文人的自画自赏，

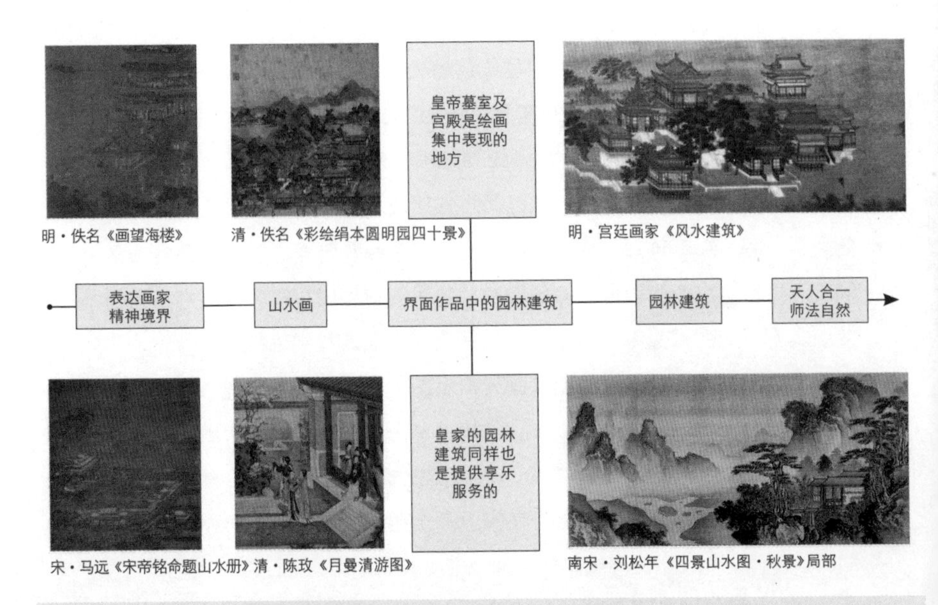

图 4.3　山水画与建筑发展关系图

因此不能广泛流传以让人们所熟知，但是它的发展却促成了文人山水园的诞生。在当时，园林设计师都是画家，而画家又兼顾着园林设计师的职责，因为绘画与建筑有着共通性，画园亦造园，说的就是如此了。画家们在创作山水画理论的同时也强调了古典园林设计的主旨，山水画论的成熟使得“以形写神”的思想得到了更进一步的发展。中国传统的山水园林创作不单单局限于再现自然，而是更加注重去表现自然，通过对自然的单纯模仿得到更高的表现形式。到了隋唐时期，山水画的发展不同于魏晋南北朝社会动荡不安的状态，社会环境相对和谐与统一，所以隋唐时期是中国历史上山水画发展的全盛时期。而这种山水画的发展最先体现在当时建造的许多宫廷、台阁建筑之上。其中许多画家亦是建筑家，所以说建筑与艺术是相互依存、相辅相成的，举个例子来说，当在设计依山傍水的建筑时，画家先要画大量山水背景

（图 4.3），而建筑家也是如此，这不仅促使了山水画的进步也促进了当时建筑的发展。在当时出现了以展子虔为首的一大批有名的山水画大师，如王维、李思训、张璪等等，他们这些人逐渐地把山水画的发展推向成熟，使山水画成为了独立的画科，并且尤其重视自身存在的价值。如展子虔的《游春图》，反映了当时隋唐青绿山水画的形式特征，山水画也是从这个时期开始走上正轨的，可见历史背景对山水画的发展也起到了一定的作用。

随着隋唐时期造园风气的盛行，当时的园林建筑也开始快速地发展，并且进入到了鼎盛时期。宫廷设计也越来越精致，并且能充分地体现细节，这使得宫殿建筑十分工巧华丽。为了给当时的封建皇族提供方便的环境而逍遥自在地体验大自然的美丽景色，人们开始大量地建造园林建筑，从而使其拥有不出家门便可以享受“主入山门绿，水隐湖中花”的乐趣。园林建筑都是为当时的皇家所服务的。皇家园林建筑的建造已经开始形成规范化的发展模式，不像私家园林建筑那样自由奔放，但却非常奢华且体现着一定的等级制度，在这些建筑中，大致可以分为行宫御苑、大内御苑和离宫御苑。与魏晋南北朝时期相比，私家园林建筑也更加兴盛，数量在快速增长，设计水平更加精湛，并且当时有许多文人与画家都开始参与了造园活动，用绘画的技巧和创作方式来帮助建造园林建筑，使园林建筑更加富有内涵，更加注重意境的表达。中国山水画的发展影响着园林建筑的发展，诗人和画家开始直接参与造园活动也是这两者互相促进的体现，园林建筑艺术开始有意识地加入诗情画意，进而更加的注重表达作者内心的精神境界。其中更突出的可以说是有的人按照山水画来建造园林，并且用绘画的理论来指导造园，这种造园的方式使得中国古典的园林建筑与山水画联系密切并且更加具有诗情画意。

（二）山水画与古典园林建筑的融合

在中国古代悠久的文化历史中，中国的古典园林设计思想与传统山水画创作有着异曲同工之处，他们二者的发展可谓是相辅相成的，并且已经逐渐地融为一体。比如说许多优秀的山水画师也是园林设计大家，二

图 4.4　宋·佚名《水阁纳凉图》局部

者身份同时兼具，这都说明了中国古代绘画艺术与园林设计有着密不可分的关系。比如说隋唐、宋元时期等几个重要发展阶段山水画的加速发展，也加速了园林艺术的发展，园林建筑的发展也促进着山水画的进步。

在园林建筑艺术中，所展现的是一个个物质实体，其中最重要的要数廊、桥、山等建筑形式。在这些建筑形式中运用了一系列的造景表现方式，通过园林建筑的设计来表达作者的内在意境，再加上一年四季的常绿景观使园林建筑具有时间的延续性，这实质上是一个动态的三维实体艺术，而这种思想在古代的山水画作之中清晰可见（图 4.4）。举例来说，在苏州园林中，任何时候都能看到四季常绿的景观植物还有盛开的鲜花，这些景物体现着园林艺术设计家对当时气候环境以及自然界各种生物状态的把握，并且把其发现的内在规则巧妙地运用到园林设计中，进而创造出优秀的作品。中国古典园林建筑的建设从始至终都在依照“玄即是真”的最高境界来进行设计，而造园者通过园林设计当中的各个景物与建筑来表达人们心中的情绪，人们不仅仅用绘画技法来衡量造园的艺术成就，还体现着人们更深远的追求。

当时的书院因为有了诗文的加入，增添了建筑的内在含义，使建筑富有思想感情，这些都是建筑与文化互通的有利证据。诗词和绘画在建筑上的运用十分广泛，从南方的私家园林建筑到北方的宫殿建筑和普通居民的四合院都有体现。绘画与园林艺术的结合起到的是指导和增添光彩的作用。另外，艺术家们通过巧妙地运用园林建筑的形式美和布局美去创造园林建筑，园林建筑也为当时的绘画艺术提供场地，可以说山水画与园林建筑之间是相互借鉴互为表里的。艺术家在大自然中提取理想的创作素材，而他们创作的源泉来自现实并且高于现实，因为园林建筑与当时的自然景观融为一体，所以园林建筑也为当时的绘画艺术提供良好的创作素材。两种不同的东西通过文化充分地连接成为一体，就好比一条隐形的绳索贯穿于艺术世界发展的始终，园林建筑与绘画之间的契合程度非常之深。

1. 魏晋南北朝时期

魏晋南北朝时期，社会动荡不安，促使士大夫们在道家思想的熏陶下逃避现实，并且逐渐地归隐山林。对于这种现象，孔子曾经提出过“邦有道，则仕；邦无道，则可卷而怀之”[5]的观点，孟子也提出过“达则兼济天下，穷则独善其身”[6]的观点。社会最动荡不安的时期也正是文人思想最活跃的时期，中国这一时期的诗词绘画开始萌芽，诸子的经典学术思想，特别是老庄的哲学思想开始逐渐地被大家重视。佛学的传入成为当时社会动荡局面的精神支柱，玄学的兴起成为士大夫们的精神寄托，同时也开始融入到建筑的布局之中。

在此时期，士大夫们因不满足于当时的社会现实，进而沉溺到大自然的幽美环境之中。人们开始寄情于山水画作，以此来表述当时文人寄情山水、自娱自乐的社会现状。典型的山水画代表作有顾恺之的《雪霁望五老峰图》、戴逵的《吴中溪山邑居图》和《云台山图》。在园林建筑的发展史上，将有自然山水的审美和诗画艺术融合的“文人山水”园林都产生在这个时期。当时的世人沉溺于画作和园林建筑的建造，借此抒发自己内心抑郁的情感。园林建筑风格也开始逐渐脱离前代仙山楼阁，趋向于抒发作者内心的情感。

2. 隋唐时期

隋唐时期是山水画发展的成熟时期。唐朝社会政治、民族文化等方面都表现出多元化的发展特性，所以那时人们的思想自由并且活跃。安稳的社会

图 4.5　唐 · 王维《江干雪霁图》

图 4.6　唐 · 王维《雪山行旅图》

图 4.7　清 · 唐岱《塔影钟声诗意图》

环境让贵族们可以用从容乐观的胸怀去感受自然山水的美好，并且可以融情于景，通过美好的事物去创作诗词作品。这个时期的中国古典绘画有着诗、画、园相互渗透的显著特征，其中最有代表的人物是王维，他的代表作有《江干雪霁图》（图 4.5）和《雪山行旅图》（图 4.6），这些又突出了诗文与山水巧妙结合的关系，诗情画意皆出于此，为后来文人画与山水园林建筑的交融发展提供了良好的基础。

到了唐代，山水画作的发展与园林建筑的联系就更加密切了，建筑的建造艺术，帮助人们感受大自然的真谛，充分地抒发人们内心蕴含已久的情感。文人作家们常常面对山水来创作诗画，并且凭借着自身内在对于大自然景观的了解去亲自规划和设计园林建筑的形式，从而把自己对生活以及大自然的感情注入到建筑中去。在这个时候，文人官僚所青睐的园林散发出一种前所未有的清新雅致的格调，而此格调得到了更好地升华与提高，这就是后来常见的写实山水园，同时又称之为“文人自然山水园”。到了清代的时候，造园因诗人和画家的直接参与，在园林建筑的建造之中也开始融入写意山水画的创作技法，这使得造园活动开始有意识的融入诗情画意（图 4.7）。

3. 宋元时期

在宋元阶段，山水画发展得十分成熟，此时产生了很大一批山水画家并且留有许多经典之作。与此同时，同样达到成熟发展阶段的是中国古典园林建筑，大家开始频繁地参加造园艺术的活动。这个时期产生了许许多多经典的园林建筑作品，如网师园、沧浪亭、狮子林等等。中国古典园林建筑通过中国传统的山水画创作达到了一个相互渗透和相互促进的全新境界（图4.8）。

宋代的最高统治者宋徽宗赵佶也是当时著名的画家之一，当时的宋代有“中国山水画黄金时代”的美誉。画坛上出现了两大著名的派别，即荆浩的北方山水画派与董源的江南山水画派，这两种画派虽然表现风格不一，但其内在都传承着当时山水画作的精髓。当时的南派注重表现平淡疏远的江南风光，而北派则创造了自然山水雄壮浑厚的全景式构图形式，这都反映了当时风格迥异的地域文化和审美特性。荆浩的代表作《匡庐图》就是一个典型的

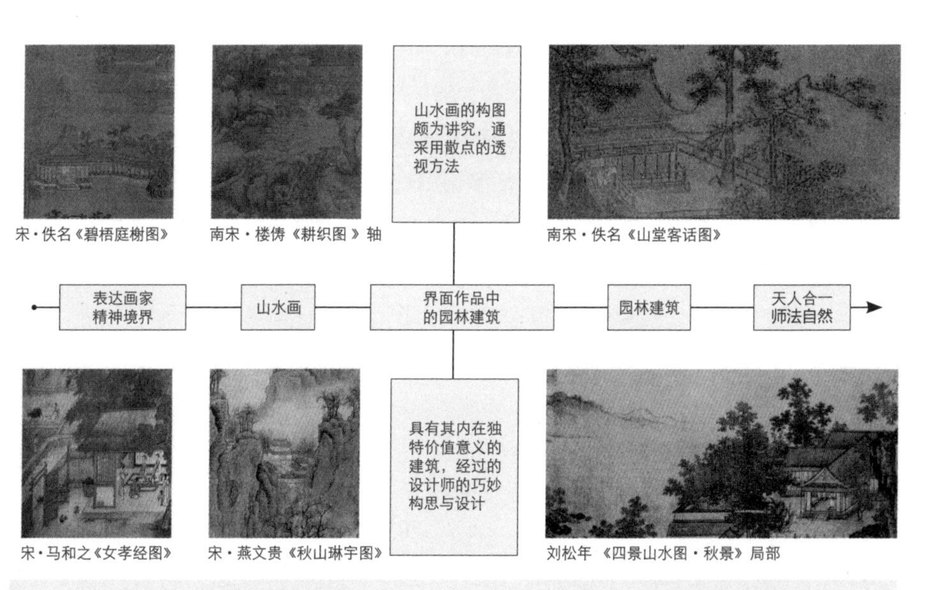

图4.8　中国古典园林与中国传统山水画联系

例子，其中采用了以写实和写意相结合的手法刻画崇山峻岭的自然风光，环境与山水结合得十分巧妙。除此之外，还有以董源的《龙宿郊民图》为代表的画作，其描绘了许多江南山水交错的场景，还有烟云腾腾的壮观气势。宋代的绘画作品用可游、可居的画面表现出了当时的社会环境，以及当时士大夫的一种人生理想。文人士大夫们都开始寄情于山水，融情于画作。

4. 明清时期

由于明代的审美理论与当时的绘画观念有区别，所以画坛上的发展也表现出了多元化的特征，并且因为当时的文化思想也相当活跃，形成了大量的流派，如吴派、浙派、华亭派等，种类繁多到超出人们的想象。这些都促进了明清时期的绘画艺术的快速发展，清代的山水画创作继承和发展了之前朝代的文人画的发展传统，并且在思想上也开始不断地进步，文人们会通过诗文去表达自己对于社会与生活的种种态度。当时流行着许许多多的派别，其中主要有遗民派、自我派和仿古派等等，而在这三者当中，最著名的要数仿古派。自我派表现出强烈的求功心切；遗民派的绘画作品流露出与世无求的情绪；仿古派则力追古法。在明清时期，画派与画派之间的斗争同样也促使着中国山水画作的进步。明清时期是我国园林艺术发展的成熟阶段。在此之后，经过几千年的造园经验与造园技法的总汇，使得园林建筑的发展更加的完善与成熟。

三、中国山水画文本图像中的建筑形态研究

（一）单独的线条建筑词汇

1. 建筑物语

所谓建筑物语就是指建筑物向人们“诉说”的语言，是指建筑物的思想性和构造性。这些“语言”表现在建筑的颜色、倾向、形体、数字，不常被人们发现。它区别于舞蹈、雕塑、音乐、绘画等艺术语言的显著特点，就是

建筑语言是一个多层次的复合系统。《易经》讲“得天垂象”，就是要人们善于识别隐象和显象；“万物万象”，建筑中的形、色，绘画中的笔、墨都是各自的象，而万物万象都是同源同构的。建筑中有“大文章”，如宫殿、庙宇等；也有“小品”，如牌楼、水榭、影壁、山亭，中国的建筑之所以是中国的，是因为它具有中国建筑的共同特征，运用了中国的“词汇”，遵循着中国建筑的“文法”，表达着中国人的思维和建筑“物语”，并且体现中国建筑背后隐含的特有的文化和思想（图 4.9）。

2. 建筑词汇

在我国悠久的历史文化长河之中，中华民族的审美观是内在并且含蓄的，但是民族的内在意蕴则是偏向于直白的。因此艺术家们经常在传统的庭院设计构成之中注入文学艺术并且赋予建筑以生命力，通过极为内在的方式向人们表达空间的基本特性。举例来说，在墙与建筑之上经常会出现大量题名的匾额，而门窗与柱子上则有对联作为装饰，题刻也时常出现在山石小品上，这种点缀常常出现在建筑的各个空间之中。人们可以通过这些文本化的景物激发联想，还可以发挥自己的主观能动性来走出有形的空间，从而进入到更深层次之中去了解意境。与此同时，就如我们所熟知的建筑是一个时代观念和习俗的载体，并且通过象征艺术的形式去表现。当人们在运用语言要素遣词造句和书写建筑时，怎么样才可以把建筑特征更好地表现出来，就是我们应该最先思考的问题。因此“修辞”成为整个过程之中，关系到作品成功与否的最重要环节之一。

将修辞手法应用到建筑之中具有开创性，把修辞比喻为建筑师的一面镜子，由于在建筑修养和哲学修为等方面仍然存在着很多差异，我们可以明显地看出很多的建筑师在修辞观念和手法上存在着特别大的反差，而且建筑语言和修辞技巧离不开人们日积月累的经验。另外，想要实现修辞还要通过多变的表现手法，如果没有特别具体的表现方式，修辞则落不到实际当中去，因此可以总结出，在一个建筑之中想要充分地利用修辞并不是一朝一夕可以办到的事情。

	宋	明	清	结论
桥	宋·佚名《曲院莲香图》	明·文徵明《横塘图》	清·袁江《阿房宫图之二》	桥是在界画中出现的两类比较有特点的人工物，是共用形体，在画面上呈现连续的长线条，因其连接作用而使画面气息相通
亭子	宋·佚名《雪窗读书图》	明·蓝瑛《仿王蒙山水图》	清·画院《十一月月令图》	“亭，停也，人所停集也。”亭是指设屋以供人休息、停歇的地方。是亭，可增强山水间轮廓的美感，增强山与天际线的变化，弥补其间的不足
屋顶	南宋·李嵩《水殿招凉图》	明·安正文《岳阳楼图》	清·丁观鹏《太簇始和图》	中国古建筑屋顶可分为以下几种形式：硬山、悬山、攒尖、歇山、庑殿等五种，根据建筑等级要求分别选用；每种屋顶又有单檐、重檐、起脊与卷棚的区别；个别建筑也有采用叠顶、盝顶、十字脊歇山顶
民居	南宋·刘松年《溪山雪意图》	明·杜琼《南村别墅图》	清·罗聘《竹园清饮图》	中国古民居是历史上最早出现的建筑类型。民居建筑景观的形成和发展主要受自然因素和社会因素的影响，在几千年的历史文化进程中积累了丰富多彩的民居建筑的经验，形成了地方风格和流派
宫殿	南宋·赵伯驹《汉宫图》	明·安正文《黄鹤楼图》	清·丁观鹏《太簇始和图》	宫殿建筑又称为宫廷建筑，为汉族建筑之精华。古代皇帝为了巩固自己的统治，突出皇权的威严，满足精神生活和物质生活的享受而建造的规模巨大、气势雄伟的建筑物

图 4.9　山水画中的建筑形态（一）

	宋	明	清	结论
窗	宋·佚名《曲院莲香图》	明·刘俊《雪夜访普图》	清·袁江《梁园飞雪图》	窗在宋代以前就是一个竖格，后来就出现了横格，然后斜格既后来大量的雕饰。到了明清，纸大量应用到窗户上，该应用解决了很多问题，比如它的间隔可以适当地增大
门	宋·佚名《雪窗读书图》	明·刘俊《雪夜访普图》	清·宫廷画师《雍正十二月行乐图》	门是中国传统建筑的重要组成元素，它随着人类建筑物的发展而发展，并从建筑的结构中独立出来，形成了一系列的门的文化
廊	南宋·李嵩《水殿招凉图》	明·安正文《岳阳楼图》	清·画院《一月月令图》	一般来讲，廊是建筑与建筑之间的连接体，从形式上看是一个狭长的而又曲折随意的有屋顶的过道。当然，廊也可以本身的形态独立构成一组建筑物
栏杆	北宋·刘宗古《瑶台步月图》	明·仇英《吹箫引凤图》	清·丁观鹏《宫妃话宠图》	栏杆，中国古称阑干，也称勾阑，是桥梁和建筑上的安全设施。栏杆在使用中起分隔、导向的作用，使被分割区域边界明确清晰，设计好的栏杆，具有装饰意义
柱子	南宋·李嵩《夜潮图》	明·安正文《黄鹤楼图》	清·焦秉贞《历朝贤后故事图》	在中国古代木构架建筑中，一切骨干木构件均称为大木，如柱、梁、坊、斗栱、檀、椽等。而负责制作组合、安装这些大木构件的专业称作大木作

图 4.9　山水画中的建筑形态（二）

3. 造型样式

中国传统建筑的窗、墙、阶、栏杆、隔扇、游廊、庭院、夹道以及其他种种不同的建筑形态，构成了中国建筑的“词汇”。这就如同《园冶》中所论述的观点一样，“轩楹高爽，窗户虚邻，纳千顷之汪洋，收四时之烂漫。”[⑦]说到对中国山水画的美学特征进行的恰如其分的总结，具有代表性的是郭熙的观点，他认为，“世之笃论，谓山水有可行者，有可望者，有可游者，有可居者。画凡至此，皆入妙品”。结构艺术具有区别于传统建筑意义上的专业独立性，这是否意味着两者之间是一种完全的彼此独立关系呢？从系统的角度讲，结构是构成建筑母系统之中的一个功能相对独立的子系统，各个子系统相互协同而构成建筑系统的整体性并完善建筑系统的功能。从建筑系统的角度讲，它必然通过其存在的物质形式与建筑系统中的其他元素发生协同关系，而这些协同关系也集中地体现在以建筑功能的实现为目标的过程中。建筑系统是一个人工系统，由人的思维分化而形成专业的视野，呈现在建筑实物上便引导了协调与合作的关系。因此，从系统的角度讲，结构艺术与建筑的协同关系是必然存在的，且从社会现实的专业分工来讲，这两者的协同关系是必须要加强的。

（二）建筑的基本单位形式

虽然在园林建造中，实景的表现和绘画艺术中的场景营造的表现媒介不一样，但是绘画的理论和造园的理论是有着共通性的，如果举例来说山水派诗人的话，其代表非东晋的陶渊明莫属，陶渊明首创了田园诗的体系，并且与此同时也创造了中国古代诗歌发展的新境界，那就是“物我交融”的境界。陶渊明提出了“世外桃源”的自然环境，被后人称赞，也为后人诗歌的创新、山水画的构思和造园方式提供了宝贵的经验（图 4.10）。其实质说明了诗人要把自身与自然的环境相融合的美好期望，这种境界我们可以称为“物我交融”的境界，就如同在“庄周梦蝶”中所提到的，不知是蝴蝶梦见了庄周，还是庄周梦见了蝴蝶。而这种“物我交融”的思想常常在文学领域被广泛地应用，

图 4.10　南宋・李嵩《水殿招凉图》

其中的“物”指的是自然，而“我”即人的思想。“物我交融”境界之中的“物”是物质上的表现，而“我”是人们在精神上的升华，也就是说自然与人、物质与精神是借用了某种特定的自然环境，在产生相同的了解的基础上从而达到了感情上的共鸣，这种境界使人们的思想得到了升华，使人们的内心世界得以丰富。

园林建筑之中的意境和在文学作品之中的情感有着共通性，这对设计的人来说足以抒发其自我情感，并且对于游览的人来说也足以触景生情。其中的主观思想与客观思想经过了碰撞之后，在人们的心灵上产生了一定的共鸣，并且使景物产生出了一种“只可意会，不可言传”的新的发展境界，例如拙政园就让我们感受到了“物我交融”的境界。塑造有两个基本的因素——那就是“情”与“景”。园林艺术的审美不仅仅是通过自然环境的好坏来决定的，其中更多的是以人的感受与情感体验来判定的，也就是说由“物”与“我”的交融的程度的多少来判断。通过“景生情，情生景，哀乐之触，荣悴之迎，互藏其宅”达到“万物与我为一”的境界。因此文学作品中的“物我交融”

的境界是通过园林建筑的意境来表达的，同时使园林之景有了一定的人的性格。俗话说得好，一草一木皆有情，因此才有了相互之间的沟通。举例来说，在园林建筑植物中最常见的是竹子，其外表有节，节节高升之特性和人的气节有着共通的关系，并且这又能使文人士大夫的内在情怀与造园艺术的主旨产生共通，因此竹子也开始有了人的情怀，并且和人达到了共通的新境界。

1. 观看的状态

"山水有可行者，有可望者，有可游者，有可居者"。"游"可以发生"望"的作用，也就是说人可以在建筑里面方便地活动满足可行、可望、可游的需求。在山水画中，亭台楼榭或者作为点景，或者作为主体题材，一直是山水画不可缺少的一个部分。郭熙对此有明确的论述："水以山为面，以亭榭为眉目……故水得山而媚，得亭榭而明快。"

（1）窗

窗具有一定的采光、通风、隔音、防盗等功能，它是建筑中的一个重要组成部分，也是其不可缺少的一部分，古代的窗分为很多种（图 4.11）。它不仅对建筑的空间营造发挥着十分重要的作用，而且在建筑造型中对室内光效及建筑所处的空间都会有特别的影响。加强对细节的把握往往会给建筑的整体设计添彩，起到画龙点睛的作用。窗非窗也，画也，"湖光山色，寺观浮屠，云烟竹树，……尽人蔺面之中，作我天然图画。"李渔在其《闲情偶寄·居室部》中提出，"尺幅窗"、"无心画"、以"山水图"作窗和以"梅"作窗的审美观点，李渔这种思想就是当窗如画，窥窗如画，在当时十分有影响力。另一位著名文人文震亨在其著作《长物志》中也论述了和李渔的《闲情偶寄》相似的想法，都表现出中国传统文人造园寻求悠闲、退隐静思之地的隐逸思想。园犹如一幅三维的风景画，沉湎于"画"中，而这些画则需要窗来作为媒介才能达到我们想要的效果，并由此产生了中国独有的"框格美学"。

苏州园林建筑之中的窗是最有特点的，它的每一种窗洞都并不全是相同的，在设计细节上别具一格。比如说窗洞高度位置与大小、窗棂颜色与形状、

长窗

宋

李嵩《明皇观斗鸡图》　马麟《楼台夜月图》

长窗有四扇、六扇、八扇之分，扇数的多少一般依据建筑开间大小而定，一般多布置于厅、堂、馆、轩。这种窗上部分的窗格通透明亮，便于采光，窗格花纹也有"海棠十字"、"菱花"、"冰裂"、"如意"等十多种形状。长窗的夹堂与裙板既有素面板，也有经过精雕细刻的花板。花板内容有花草、山水、人物、动物、诗词等。耦园一处长窗的裙板也极具特色，为雕刻漏空式。也有从上至下一通均为明窗，如拙政园的"远香堂"。

空窗

清

焦秉贞《历朝贤后故事图》

横披窗

佚名·《江天楼阁》　王诜《飞阁延风图》

槛窗

宋

刘道士《湖山清晓图》局部　李公麟《会昌九老图》萧照《文姬归汉图》

直棂窗

宋

马和之《女孝经图》　刘松年《秋窗读易图》

直棂窗是古代汉族木建筑外窗的一种，窗格以竖向直棂为主，是一种比较古老的窗式。

破子棂窗

宋

马和之《女孝经图》

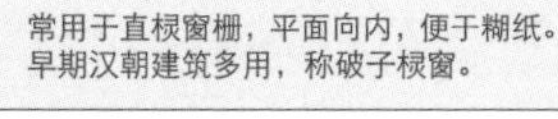

一马三箭窗

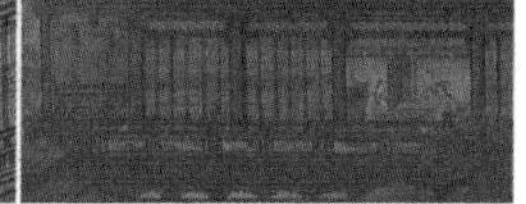

清

袁江《竹苞松茂图》　袁江《竹苞松茂图之九》

系将方形断面的木料沿对角线斜坡成两条。

图 4.11　古建中窗的分类

所起到的作用等都有着很大的区别，在人的视觉感知中体会到许多不同的变化。举例说，有时候园林之景被院墙或者是建筑挡住了一小部分，这容易让人们对于远近内外的场景充满了一种莫名的期待之感，有的时候在视线穿过了层层叠叠的院墙门窗之后，并且又断断续续地穿过了庭院的天井，这时的视线在纵深方向到达窗洞之时，就会在一条轴线之上连续有几个窗洞连接到了一起，而这时的漏窗的大小与形状还有窗芯的花纹都有着不同的光景透出，画面感达到了一个前所未有的新的境界，还让人们对与其中的景色产生出了不同程度的心理感受。

古代的山水画和园林建筑发展的相同宗旨就是可望、可行、可游、可居的四种自然形态，并且这四种形式分别通过审美的价值与实用的价值表达了出来，这也是人文画和大自然景观连接的完美例子。中国的古典建筑不仅仅在加速山水画创作的发展历史，同时还完善了中国传统的山水画对“美”的艺术思想感受，总的来说，从审美形式的角度看，中国的山水画利用了古典的建筑形式具有纵横斜分的立面结构美感，并且还与对称的封闭直线、环绕而相对开放式的曲线联系到了一起，这些都是构成当时的作品程式化的形式美感的主要因素。从文化内涵的角度来说，建筑的基本形制所包括的精神追求在中国古典的山水画作品庞大并且完美的审美体系之中得到了充分的诠释。所以说，对于古典园林建筑的了解有利于我们对中国的传统山水画作品的认知，这里两者相互促进发展与影响，并且在不断地加速中国传统艺术的步伐。

（2）门

在古代，中国传统的建筑体系一直在其相对封闭的文化系统内部留传，以“礼制”为核心思想，而“演化”是中国人一直强调的一个逐步变换的过程。在这样的文化背景下，“门”逐渐成为一个探求中国古代建筑文化内在意义的一个完整的切入点。在中国两千多年的封建统治当中，其建筑的核心内容就是“礼制”，而它的具体的表现就是等级制，这种严格的等级制度都是为皇权服务的。无论宫殿城池还是寺院民居都以“群体性”为典型特征，都是无数个建筑一起组合成的建筑群体（图 4.12）。

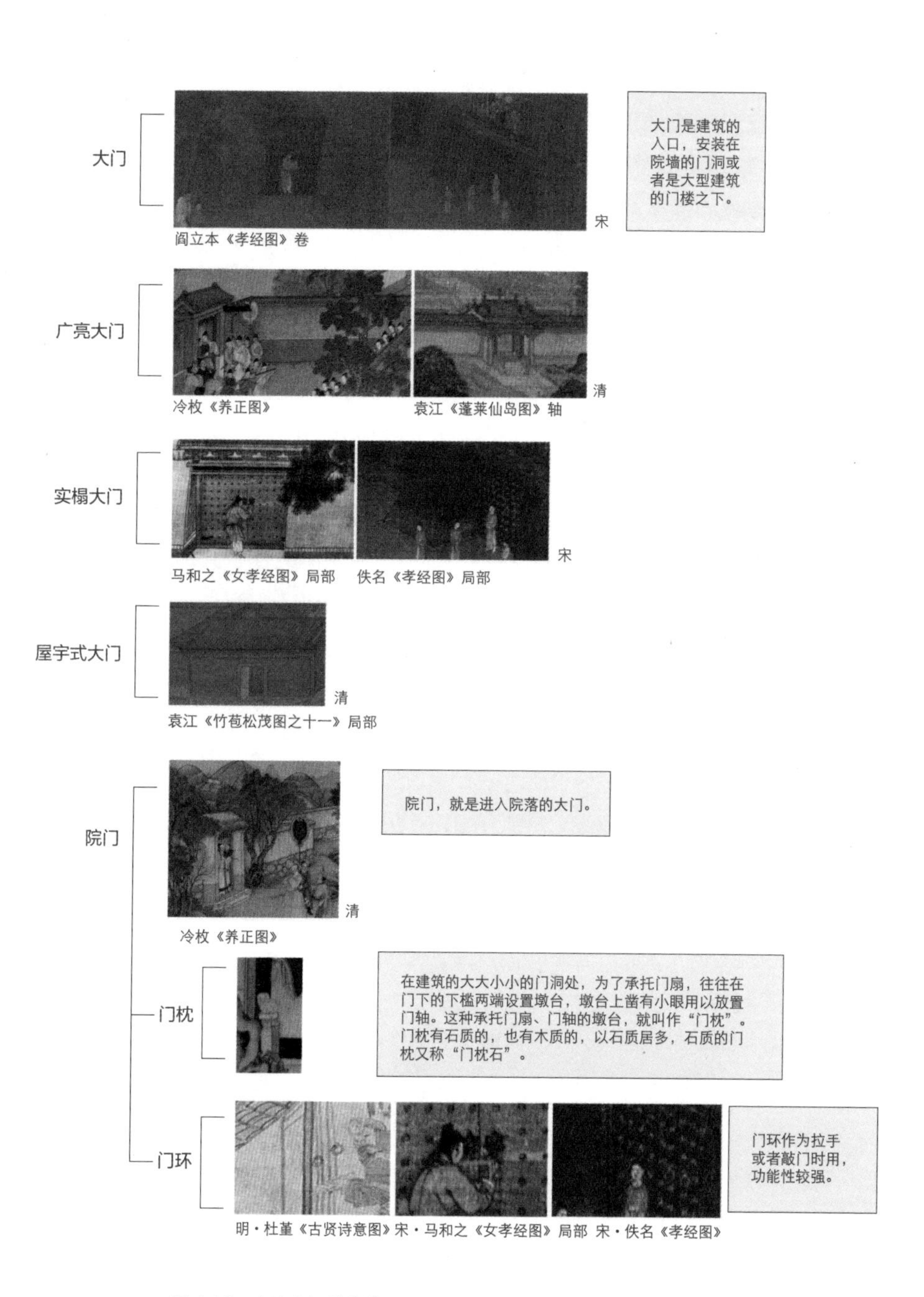

图 4.12　古建中门的分类

以北京为例，当时整个城市的建设是由许许多多、大大小小的四合院组合而成，在这个建筑群体之中，需要通过皇城、内城、宫城等许多重城门才能到达权力的核心位置，这也体现着皇权的至高无上性，由此我们总结“门”是研究中国建筑伦理规范和审美思想的一个十分重要的出发点。在“礼制”的框架之中表现地域和民族之间文化的不同，虽然从总体上说差异性不是很大，但就是那么一点点微不足道的分别，组成了中国古代建筑的无限趣味。福建和苏州的门头设计为例，苏州的门头设计追求的是寂静素雅，文化性强，注重反映当时“士大夫文化”的思想内涵，而福建的门头设计追求的是工巧，雕刻复杂，这与苏州的门头设计的“士大夫文化”不同，其主要表现的是一种“商业文化”。

“生死”、“有无”在中国人的传统观念当中，在某种意义上是有着共通性概念的。在中国古代建筑中，帝王陵墓建筑的门极为奢华，并且十分的轩敞，其中每一道门的尺度大小与空间的大小相符，使得当时宫殿建筑的气氛更加空廓，我们从中很容易地就能感受到古人的生死理念与信仰，和他们想要传达的精神。这种对于“死后”的想象促使建筑获得了一个更加大的空间去表现。而同时，民居里面既包括传统的也包括历史的，它的内在生活仍在继续，所以我们可以把它归结为一个活的系统。在建筑设计中，门起的是空间引导性的作用，使它成为建筑物的视觉焦点具有人文性。从门的线性发展轨迹、建筑功能和居住空间出发，表现出各式各样的造型形式，并且表现出儒家文化的内在含义，也是非常有趣的一件事。

（3）屋顶

在中国的古代建筑之中，屋顶常常对建筑的立面起着十分重要的作用，并且是其不可缺少的一个部分。从远处看，在我国的古典建筑之中，有伸出的屋檐、富有弹性的屋檐曲线和微微起翘的屋角以及攒尖、歇山、硬山、悬山、重檐等多种多样的屋顶形式变化（图 4.13~图 4.15）。再加上用琉璃瓦进行装饰，将中国古代屋顶的细节表现得更加完美，从而使建筑物产生独特而强烈的视觉冲击力与艺术感染力。通过对屋顶形式各种各样的排列与组合，又使建筑物的轮廓线条变得更加生动形象。

攒尖式屋顶

宋・佚名《松阴庭院》

清・丁观鹏《太簇始和图》

清・袁江《竹苞松茂图》

宋 ——► 清

攒尖式殿堂

宋

攒尖式屋顶多见于亭阁之中，是作为景点或景观建筑存在的。而在等级高的建筑中极少使用这种屋顶。

攒尖式亭子

宋

宝顶

宋

十字脊式屋：特别重要的屋顶形式，有两个歇山十字交叉而成的一种形式。

十字脊式屋

元・王振鹏《龙舟图》

宋・李氏《水殿招凉图》

宋・李嵩《朝回环珮图》

元 ——► 宋

攒尖与十字脊式组合

明・安正文《岳阳楼图》

清・袁江《阿房宫图之四》局部

清・袁耀《九成宫图》

清・袁江《骊山避暑图》

明 ——► 清

图 4.13　古建中屋顶的分类（一）

勾连搭屋顶

清

杨大章《仿宋院本金陵图》

带抱夏式连搭屋顶

清

《雍正十二月行乐图》 《十一月月令图》 焦秉贞《山水楼阁》

勾连搭灰背顶

灰背顶，就是表面不用瓦覆盖，仅凭灰背密实的面层防雨防漏。勾连搭顶中使用灰背，大多是局部形式，且大多是用在两个相互搭连的屋顶间的部分，也就是天沟处。

硬山式屋顶：也是一种民间常见的屋顶，在大型寺庙皇家屋顶中几乎不会存在。

硬山式屋顶

清

宫廷画师《十一月月令图之二》 徐扬《姑苏繁华图》 余省《钟秋花图》轴 袁江《竹苞松茂图之十一》局部

歇山式屋顶

五代 → 清

传五代·李昇《岳阳楼图》 清·谢逐《寒林楼观图》 清·袁江《梁园飞雪图》

重檐

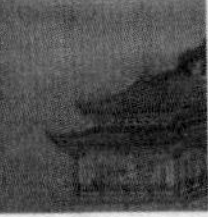

清

燕文贵《秋山琳宇图》 袁江《竹苞松茂图》 袁江《山水楼阁图》轴

重檐歇山顶

宋 → 清

宋·佚名《景德四图》 宋·佚名《景德四图》 清·袁江《楼阁图》局部

图 4.14 古建中屋顶的分类（二）

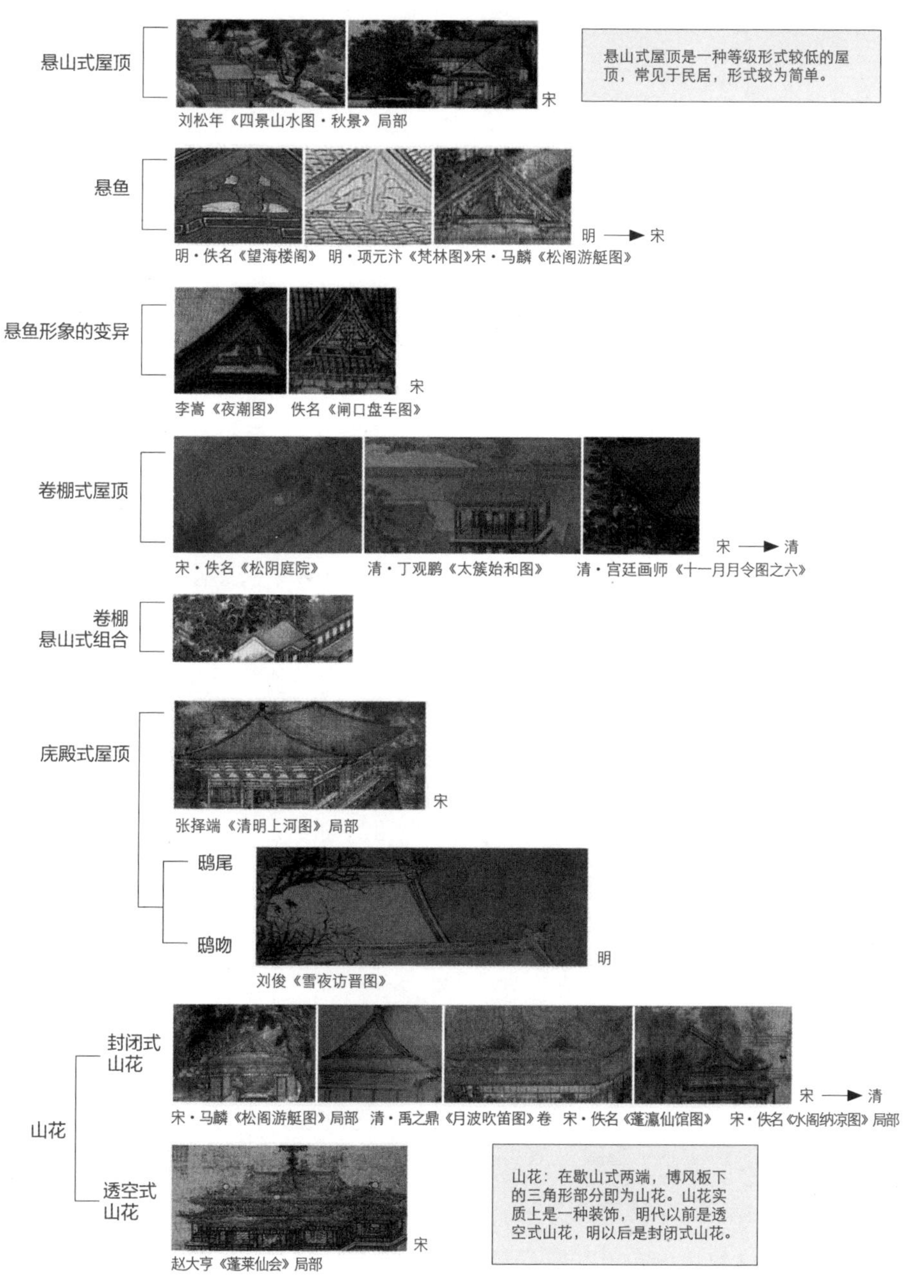

图 4.15　古建中屋顶的分类（三）

2. 行走的过程

我国古典园林建筑中的楼、台、亭、塔等的作用都是为了建造园林建筑的内在艺术感情，同时，在古典园林建筑与中国传统山水画的创作过程之中，都注重作品所表达的内在意境。在建筑当中的门和窗都可充当画框，将园林建筑中的景观有机地结合为一体，而楼、台、亭、阁的审美价值重点是通过建筑物来充分表现的。中国自然式的园林建筑，一方面要可行、可观、可居、可游。另一方面起着点景与隔景的重要作用，从而达到移步换景的效果，并且既可以小见大，又使园林显得淡泊、自然、含蓄，这就是中西方园林建筑的本质区别。同时园林建筑在不同的地域、时域、风俗文化、历史背景和思想基础上相互渗透、相互促进、相互影响，相辅相成、密不可分。

（1）廊——画面中的可望、可游、可行的现实物质空间

一般来讲，廊是建筑与建筑之间的连接体，从形态上来看，是一个悠长而又曲折随意的有屋顶的通道。当然廊的形式多样，可作斜廊、曲廊、长廊等等，本身也可以自身独立的形态构成一组建筑物。因此，在后来的诗文创作之中，时常出现游廊与走廊的用法。举例来说唐王维在《谒墙上人》中有“高柳早莺啼，长廊春雨响”。中国的传统建筑是一幅“画”，欣赏方式不是静态的“可望”，而是在动态的“可游”画面之中，步移景异，情随境迁，玩味各种“画”的神韵。不但走廊、窗子，这其中还包括一切楼、台、亭、阁，都是为了“望”。

廊在中国古典园林建筑之中的形式极多，李斗在他的著作之中对于廊有这样类似的说法，“随势曲折谓之游廊，愈折愈曲谓之曲廊，不曲者修廊，相向者对廊，通往来者走廊，容徘徊者步廊，入竹为竹廊，近水为水廊。花间偶出数尖，池北时来一角，或依悬崖，故作危槛，或跨红板，下可通舟，递迢于楼台亭榭之间，而轻好过之。”⑧ 这说明了在园林建筑的设计之中充分地运用了借景与对景，分景与隔景的造景形式去布置空间结构，达到了一种前所未有的形式美感。

（2）桥——画面中空间的气息相通

在界画之中的廊与桥是两类非常有特点的人工产物，其中的“桥”在画

图 4.16　元·佚名《龙舟夺标图》局部

面中表现的形态大部分呈现了连续的长线条，因此其连接的作用让画面气息相通。这一点从元代《龙舟夺标图》（图 4.16）中我们就可以看出。廊桥的形体在中国绘画填充的构图逻辑中，艺术家依据表现对象、根据画面构成来穿插和组织画面。

园林建筑中的桥大多以曲形轮廓线与垂直线、水平线为主的环境地结合在一起，富有变化，不单调，很耐看。中国古典园林建筑艺术经过设计师的巧妙构思与设计，创造出具有其内在独特价值意义的建筑。其中的桥一般分为曲桥、廊桥、平桥等类型。桥的材料有石制的、木制的、竹制的，多种多样并且富有当时的民族特色。桥的设计不仅仅可以增添景色点缀，又可以用来隔景，使人们在视觉上产生扩大空间的效果。其中最有特点的要数廊、桥文法的开合，“开”是指放、起或生发，“合”是指收、结或收拾。这里的“开合” 是指从“文法”角度来讨论的，而不是指空间上的收放。“起承转合”是最精炼的文法——古人作律诗八句，绝句四句，言辞精炼而意境阔远，但是在文法的创作上却逃不出“起承转合”这四个字，以一“转”字取胜的佳作数不胜数。开处宜虚纳远山以借景，如无锡寄畅园的假山，仿佛惠山的余脉，显得自然合度，如果当地少山，一般应从相对高处入手理山顺脉，就高望低，方趋自然。合处就是在趋低处，与开者相呼应照顾，有时在应合处断而不合，蕴含蓄之意，取无尽之感，这也是一法。

（三）独体建筑

在中国古典建筑与传统的山水画之间有着密不可分的联系，虽然在园林建造中，实景的表现和绘画艺术中的场景营造的表现媒介不一样，但是绘画的理论和造园的理论是有着共通性的。而园林建筑当中的空间处理形式与中国传统山水画的创作方法有着异曲同工之处，通过自然界中的元素，如山水、花草与树木的排列组合来创造出多种形式的艺术形象。古典建筑不仅促进了山水画的发展，与此同时也完善了古典山水画的艺术表现，因为绘画与建筑有着共通性，就像当时的很多著名的园林设计家也是著名的画家。我们可以就审美的形式感来表述，山水画利用建筑结构具有纵横斜分的立面结构之美，并且在其中有着曲线的呼应，这样就形成了作品程式化的独特节奏美感。在另一方面，我们可以就文化内涵来表述，建筑的基本形制所蕴含的精神追求与人文主义理想，都是其具有独特意义的表现，而这种思想在中国山水画巨大并且完美的审美体系之中得到了演绎。画家

图 4.17　南宋・刘松年《四景山水图》卷

们在创作山水画理论的同时也成为了古典园林设计的主旨，山水画论的成熟使得“以形写神”的思想得到了更进一步的发展。园林建筑的建设开始与自然山水有意识地结合，而且表现着人们寄予在建筑艺术形式上的对自然山水的畅神理想。

1. 亭

古代有这样一句话形容亭子：“亭，停也，人所停集也。”意思是说设屋来帮助人们休息之地。中国古典山水画中的亭，具有增加山水间轮廓线性美感的作用，同时也增加了山与天际线的变化，进而弥补了景观之中的缺点。园林景象中的亭作为建筑的一隅，使园林组群张弛有度、顿挫抑扬的节奏感得到了充分的表现。南宋刘松年的《四景山水卷》（图 4.17）和明仇英的《松亭试泉图》等作品中，都出现了具有中国特色的审美样式的“亭子”，亭子在

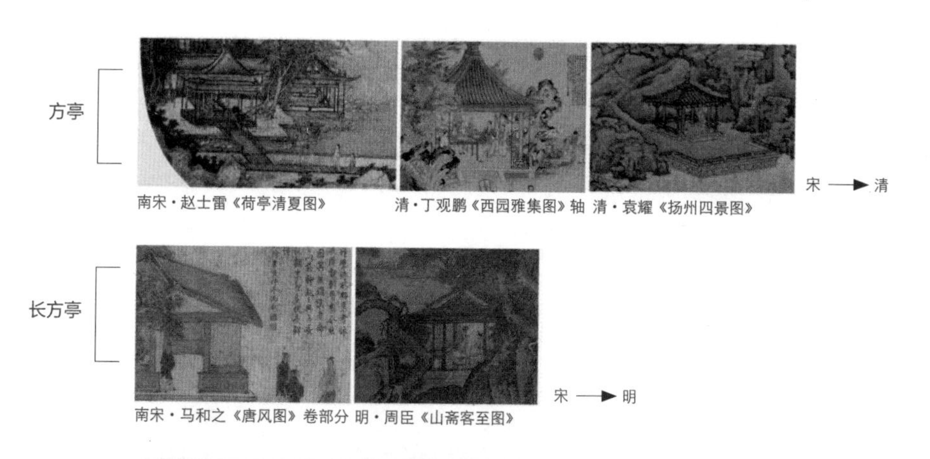

图 4.18　古建中亭子的分类（一）

图 4.19　古建中亭子的分类（二）

园林建筑之中一直被认为是留白的代表，其特点是空与虚，“惟有此亭无一物，坐观万景得天全”。

在我国古典建筑之中，亭子在创造园林建筑的意境方面具有十分别致的作用，中国古典园林建筑有着特定的构成元素，即建筑、水体、植物等等。这些都是通过景观元素按照规律的排序创造出的新的构成形式，并且都是以自然山水作为出发点进行创作的（图 4.18 和图 4.19）。在古代，人们曾用“江山无限景，都聚一亭中”与“空亭翼然，吐纳云气”等等有名的诗句来表达对亭子感受。因为“空”和“虚”是亭子内在的特性，因此就有了气的流动和“吐纳云气”的内涵。亭子的建造服务于人们的日常生活与审美感受，因此我们可以从中感受到古典园林建筑的特有的内在魅力。

2. 楼阁

楼阁是园林建筑之中不可缺少的一部分，是园林建筑当中的二类建筑，并且属于高层的建筑。楼和阁的体量要处理得恰当，进而避免空间尺度的不和谐，使整体的美感失调。古代，对“阁”的定义是四周开窗并且每层围廊，这样可以方便人们眺望观景。在最初，楼与阁并不是同一建筑，其中“阁”指上层的使用空间，而“楼”是下层的使用空间。在《说文解字》中是这样解释的：“楼，重屋也”。到了唐宋以后，楼与阁开始逐渐地融为一体建筑，从空间处理和构造方式到外观造型都已经没有了明显的差别。

《芥子园画传》对于阁楼有着这样的论述：“画中之有楼阁，犹字中之有《九成宫》、《麻姑坛》之精楷也。笔偏意纵者，未尝不栩栩以为第不屑屑事此，果事此则必度越古人，及其操笔，而十指先已蚓结，终日不能落点墨。故古人中即放诞如郭恕先，以寻丈之卷，仅得其一洒墨乱作屋木数角，可谓漫无法则矣，一旦而操矩尺，累黍粒而成台阁，则弃桷欂栌以讫罘罳，无不霞舒风动，毫发可数，层层折折，可以身入其境也，绝非今人可及之功，乃知古人必由小心而放诞，未有放胆而不小心者。岂可以界画竟曰‘匠气’，置而不讲哉？夫界画，犹禅门之戒律也，学佛者，必由戒律进步，则终身不走滚，否则涉野狐。界画询画家之玉律，学者之入门。”⑨

阁的美学功能主要体现在它可以在山水之中彰显其高，又可以弥补山形的缺点，还能借助当时的山川形势去营造建筑整体景观，进而达到和谐统一的美感。在建筑组群之中的楼阁通常用其雄壮而高耸的形态放于整个画面的中心之处。楼阁建筑的这些审美特质在两宋时期的绘画大师的作品中有所体现，如在宋代赵大亨所绘的《蓬莱仙会图》，还有郭熙的《早春图》都有着相当程度的描写。就这种类型的多层建筑而言，其功能性质及空间形态同现今我们所说的楼相差不大，然而究其渊源，楼与阁在古代的建筑定义中有着天壤之别。战国时期，开始出现多层的房屋以及高大的台榭建筑。在出土的汉代建筑明器中，有高达四五层的楼阁建筑。虽然在现代生活中，楼阁这两个字常常被人们作为一个词来用，意思是指多层的楼房，但是在古代最开始的时候，“楼”与“阁”则是两种不同的建筑类型。中国古代建筑营造法式中对“阁”没有解释，但是“阁”在中国的古典文献中定义很多。在古代，有一种特殊的交通桥梁也称作“阁”，在《战国策》中提到“故为栈道木阁，而迎王与后于城阳山中”的故事。险绝之处，傍凿山岩，而施板梁为阁，可知栈道亦称阁道（栈阁，是依山崖修筑的一种特殊形式的木桥梁）。典型的栈道有梁有柱，通常是用一根横木一端嵌入岩壁上的石孔之中，一端支在立于水中的木柱上，近似现代的半个排架。

“楼”在早期是高台建筑的一种形式，《墨子·备城门》记载“三十步置坐候楼。楼出於堞四尺，广三尺，广（长）四尺，板周三面，密傅之，夏盖亓上。”[10]都是有关于此的。还有门将并守他门，他门之上，必夹为高楼，使善射者居焉。这些记载都表明楼与军事作用有关，如城楼、楼观、望楼之类，便于眺望敌情和加强防御。可见，此时在台上建狭长而屈曲之屋，即可称为“楼”。“楼”并不一定是多层的，城门楼也是台上建屋，亦可称为“楼”。而建造台的方法有很多，其中主要有夯土和井干之法。这就说明了楼与台在最原始的阶段时概念是相通的，“楼”起源于高台建筑，仅是在台上筑屋，屋上建屋之楼是后世常见的形式。但是“阁”的概念在最开始与楼阁的意义是有很大的区别的，它是与门相关的单体。“阁”在之后也开始作为单独的建筑形式出现。在架空的平座上建屋即可以称之为“阁”。随着时间的流逝，“楼”与“阁”这两种建筑形式相互影响，其形式和用途逐渐难以区分。人们为扩大阁的使用面积，通过加缠腰等办法，将阁的下层封闭，因此阁的结构和空间特征随之消逝。“楼”与“阁”慢慢地变成一种建筑类型主要是在唐宋时期，“阁”的发展状态已经开始逐步趋近于“楼”的形式。宋《营造法式》是当时官方的建筑专著，其中多处出现“楼阁”一词，但是没有分别记载“楼”或“阁”的做法。由此可知，唐宋以后，虽然“楼”或“阁”的称谓依然保留，但是“楼”

或“阁”在形式和结构方面几乎没有十分严格的分别，而“阁”的原始形态结构特征也几乎不存在了。通过以上关于“阁”的论述，作为建筑类型，“楼”与“阁”从产生还有发展都经历了相当复杂的过程。

3. 台

在汉代的《释名》中对于“台”有这样的说法，“台者，持也”。言筑土坚高，能自胜持也。由此我们可以了解到，“台”并没有特定的统一形制，概括地说，高而平者的建筑都可以称之为“台”。山水画中的“台”大多出现在宫廷建筑之中，“拜月台”为当时台的最基本的形制，如宋代郭忠恕的《避暑宫图》和元代的《建章宫图》（图 4.20）都有其深刻的形象表现。在画面中通过西游园建筑布局可以看出，整个园林都是以高大的台、观为主体形成园林建筑的中心，但是其中的台高低错落不一，再加上雕梁画栋、图写列仙的充分装饰形成了强烈的视觉美感。与此同时，台、殿周围都通过曲池清水环绕来增添动感和清凉的意境。其中的细节刻画也十分生动，围绕灵芝台的四殿皆有彩虹般的飞阁相连，使人们有身临其境之感。综上所述，这种极具特点与内涵的景观是当时洛阳城内的典型建筑。

4. 塔

塔形建筑发源于印度，是与佛教有关的建筑，塔的建筑功能就是埋藏佛舍利。东汉时期随着佛教在中国的传入，塔也传入到中国，并且开始受到中国

图 4.20　元・佚名《建章宫图》

图 4.21　北宋·李成《晴峦萧寺图》

当地传统文化的影响，汉化为很多种类的建筑形式。在结构上看，塔可以分为楼阁式与密檐式，这两种是它的主要形式。阁楼式塔结合了中国楼阁的建造方式，体积高而大，其中最有代表性的是山西应县佛宫寺。另外一种密檐式塔也受到了中国传统建筑的启发，具有重檐建筑的特点，塔身第一层异常高大，第二层开始塔檐连接十分紧密，而各层之间的塔身低矮，所以叫作密檐式的塔，以嵩山嵩岳寺塔为当时典型的代表作。塔的形制分为很多种，常常以正四边形、正六边形与正八边形为主要的构成方式，其中每种形式都有其自身的特点。举个例子来说，正四边形代表的文化象征是佛教的四圣谛"苦"、"集"、"灭"、"道"；而正六边形象征的是六道循回的佛教理念；正八边形则象征着佛教修行的八正道，这只是其中的一部分，塔的每种平面形式也都有不同的深刻含义。在当时的山水画作之中也有体现塔的，如在宋《晴峦萧寺图》（图 4.21）中，塔作为远景来充实山的天际线，并且在此基础上同时也与画面中近景的建筑形成了呼应的关系。

根据当时文献的记载，东汉末年，佛教传入的时候就为方便僧人居住而修建了白马寺和菩提寺等著名的佛教建筑。魏晋南北朝时期的佛寺园林发展开始初步稳定，是我国寺庙园林佛塔建造的重要萌芽时期。由于当时的社会经济条件与思想文化的影响，佛塔园林建筑具有比较浓厚的宗教色彩，有其自身的思想文化特征。形成这种现象的主要原因是佛教进入中国，并且开始被统治阶级所接受，当时有许多的外籍僧人进入中国，他们的目的主要是宣传佛教文化。因此当时的政治经济中心也是佛教盛行的地方，在此之后，寺庙的建造开始有了浓厚的宗教色彩，并且已经成为为皇族服务的宗教。东晋以后，中原政治格局十分动荡不安，并且朝代的更迭也极为频繁，许多佛教僧人为了躲避战乱往往隐居于山林之中，之后在山林之中开始静修讲学，因此在山林中建造佛寺园林之风兴起，这种林中佛寺主要集中于长江中下游地区的寿春、江陵、豫章、会稽等地。此外，也是因为江南的地理环境得山水兴盛之便，便于人们在那里修建山林佛寺。城市之中的佛寺多由皇族供养，也逐渐形成了王公贵族和各级官吏建造佛寺建筑之风。

到了北魏末年，单就洛阳的佛寺就有 1368 所之多，其中有很大一部分寺院园林的建筑与园林景观都和谐统一，因此形成了我国历史上城市佛寺园林的高潮。关于这个时期达官贵人在城市建设佛寺园林的盛大场面，时人杨衔之曾如此形容："当时四海宴清，八荒率职，综囊纪庆，王烛调辰。百姓殷阜，年登俗乐。鰥寡不闻犬豕之食，载独不见牛马之衣。于是帝族王侯，外戚公主，擅山海之富，居川林之绕，争修园宅，互相夸竞。崇门丰室，洞户连房，飞馆生风，重楼起雾。高台芳榭，家家而筑；花林曲池，园园而有。莫不桃李夏绿，竹柏冬青。"[11]

我国古代的建筑构成方式及艺术空间形式的统一性主要反映在两个方面。首先是当时的中国传统建筑的院落组成形式，这种构成表达了结构的形式与艺术的形式具有统一性。在我国，院落是传统建筑的基本表现单位，各式各样的院落选用了不同的建筑表现方式，所以它的内在结构也会有所不同。这可以充分地反映出建筑的艺术形象与当时的审美艺术是完全不同的两种概念。为了达到院落构成形式与所要表达的艺术审美形式的统一，人们开始用特定的院落来表达艺术，那就是每一个特定的院落的表现形式都有着特定的审美追求，从而达到特定人群的审美要求。第二个方面就是传统建筑单体结构与艺术性的统一。简单来说，就是对中国古代传统建筑的造型通过各种不同的艺术形象去表现，而这种艺术形象是需要通过某种构造形式与之相对应的。所以我们可以得出一个结论就是一定的构造形式才能造成一定的建筑形象。

（四）连贯的文本章法

在中国，每一个单体的建筑物与建筑物之间，都有着一定的关联处理方式和相互之间的联系。通过观察中国历代的古典建筑形式，我们可以发现有关建筑构件间的"文法"在宋代有概括性的论述——《营造法式》和《清宫部工程做法则例》中曾有关于建筑连贯的章法的观点表述，这是我国现存的两部关于建筑的"文法课本"的书。通过这两本书，我们不难发现，借山川形势构建整体景观的和谐是当时建园的主要表现手法。在建筑组群中，以楼阁的雄壮高耸的形态布置整个画面的中心，是整体建筑空间序列章法的高潮之处。每一个建筑都有自身的组织语言"章法"——特定的建筑布局的形成、特定的建筑外形构图，作为这种连贯的文本章法的表现组成建筑与建筑之间的共通关系，园中也存在着建筑小品的设置点缀等，其中均蕴涵着丰富的“法式”与“哲理思维”。

四、群体组合深层的理想状态研究

（一）建筑形态构成的语序“群”

中国建筑是自然景观与人文的缩影，它也构成一个相互“依据”建筑与建筑之间的“单体”的关系。建筑可以说是有好有坏，而建筑群是一个完整的序列，即序曲（过渡）—高潮（重点）—结束。中国传统建筑的显著特点是中心建筑永远是独立的，其建筑四边将暴露无遗，但所有建筑与周围建筑小品，如房、复式、墙壁、走廊、树木等，构成了一个整体。

（二）中国传统建筑理想文本模式研究

中国建筑在城市、建筑、园林、陵墓等方面的选址规划和设计布局是建设无形的暗示“语法”。中国传统建筑处于一个“宇宙全息”的模式，这促使建筑与环境相互合作、协调发展。建筑本身就是人们从事各种活动的环境，建筑也因此常常被称为艺术空间。在这方面，中国古代建筑具有很高的成就。

“借景”是指巧妙地利用环境去表达一个园艺技术，明计成在《园冶》一书中专门用一章来说明“借景”，由此可见“借景”的重要。在建筑与景观之间互相借用，每家的院塔、墙、红杏之间可以互相借用，构成了一个重大的环境空间。建筑物和其他建筑物之间的合作与协调是中国古建筑艺术的非常重要的特点，也是中国古代建筑艺术的伟大成就。理想的建筑文本注重空间形式，以创造空间来拓展空间，同时来创造意境。如沈复的观念——“大中见小，小中见大，虚中有实，实中有虚，或藏或露，或浅或深，不仅在‘周回曲折’四字，又不在地广石多，徒劳工费。”这也是中国领域中普遍的特征。

1. 平民生活与适应选择

中国的哲学家在住宅和环境选择的过程中，其核心定向于“天”与中国建筑的关系，这样是为了令我国几千年的宇宙观和世界观的文明状态保持不变。而我们的祖先在环境建筑的布局之中采用全系统的理论方式也不是一朝一夕形成的。在整个系统的认知中，自然环境、人与环境以及人与人之间，这三个子系统的建设是相互依存并且互为补充的。宏观把握各系统并理解之间的关系，找到最好的组合方式，才能追寻到中国建筑的祖先灵魂。在我国的经典著作《黄帝宅经》中对于以上观点有这样的解释，其中说“以形势为身体，以泉水为血脉，以土地为皮肤，以草木为毛发，以舍屋为衣服，以门户为冠带，若得如斯，是事严雅，乃为上吉”都是为了表达这种观念。“房舍如服”的意思是说房屋建筑是人们生命之中不可缺少的一部分，当时的李渔他在《闲情偶寄·居室部》也有这样的观点，他认为，“人之不能无屋，犹体之不能无衣。衣贵夏凉冬燠，房舍亦然”。但以住宅和环境的选择为例，我们仍可以清晰地看到人是该系统的核心组成部分，这体现了古代的一种以人为本的思想，也是社会在不断进步的体现。

2. 畅神悟道文人隐逸

在我国古代的山水画历史发展中，具有美学价值的文人画长期占据中国古代绘画的主体地位。在中国文人的眼中，描绘自然景观不是宇宙中唯一的形象，而是意味着所有生命的一种传输机制，人类的现象可以通过生活中的自然机制和生命的精神来实现。古代学者通过真正感悟自然景观的精神意蕴，进而探索生命的意义和生死轮回的理念。因此，自古以来擅长山水画创作的画家，大多数为平民。中国古代山水画家创作的山水，是一种以“启蒙”为追求的、纯粹的“自由精神”的自娱活动，景观“魅力”的精神宗旨和景观价值的中国文化传统，还有生活精神应变的概念，都不仅仅是一门艺术也是一门哲学。文人画的开拓者是唐代的著名画家王维，文人画的味道体现在“胸一旦存储，没有合适的不清晰，画中移动志”，“宣和画谱”的创作动机和“使科学欣喜若狂，太遥远天意”的审美境界（沈括《梦溪笔谈》）。

借鉴中国山水画来创作古典园林建筑是从古代文人热爱自然山水开始的，通过景观追求感情反映现实载体。景观和园林建筑是中国古典文学作品的灵感来源，也可以被看作是一个天然的“理想图景”的创作由来，所以说在某种程度上的理想模式风景常常成为中国古典园林建筑文本模式。宋人邓椿著《画记杂说》，即进一步表达了学问与绘画互为关系的观点。他说“其为人也多文，虽有不晓画者寡矣；其为人也无文，虽有晓画者寡矣”，[12]都是这种观念的具体体现。文人山水画体现出较强的道教内涵，其核心是一个隐士隐逸的想法。流传下来的一些界画，或山水画是学者隐居理想的表现。在画中，房子依山而建，追求隐蔽、安静、宁静的环境，体现一种古人的生活状态。在这样的画作之中，建筑物都被看作是自然的一部分，与自然环境相互依存。根据道家的概念，大自然中只有一部分是从属于自然的，而建筑是属于人与自然的。不仅如此，建筑亭台楼阁之间，或者作为一种观点的中介，或为主旋律一直是一个景观不可缺少的一部分。在古代作家的眼里，建筑本身也反映了自给自足的理想和心满意足的生活。

3. 仙境瑞鹤与帝王心境

清人方东树曾提出过这样的观点，他说“意境高古奇深，存乎其人之学问、胸襟、道义，所谓本领不徒向文字求。”[13]山水画与界画，是对建筑具体和精确的图像描绘。清代袁江的代表作《蓬莱仙岛图》，体现了一种仙境瑞鹤与帝王心境。有学者认为：“早在秦汉时代，已经有人工景观公园”运用岛山式的布局突出建筑文本的特点。

建筑往往表现为一种独特的载体，来进一步表达理想的生活环境。在山水画中刻画的建筑物能让人感受到世俗的气息，但在创造的空间和优美的环境中也有仙境的味道。隐逸思想和道教神仙思想的基本出发点是一致的，而在这种思想的影响下，大部分绘制的建筑作为一种“世外桃源”来表现，这体现了人们向往自然的思想精神境界。此外，道教的“无为”不仅是修身养性的态度，更是人们向往摆脱世俗生活的追求，明显边界与不明显边界对比就体现了这种思想。

（三）中国画式的全景式动态游观

1. 散点透视形成动态观景方式

从方法论的角度来说，中国画与西洋画是存在本质的区别的。西方绘画一般是用聚焦的角度来看，它与摄影的原理一致。中国的艺术感知自身的思考模式这种“师造化”的创作是一个动态的过程，在运动中体验到完整，通过连续性和同时性的物理状态来创作主体，这可以说明中国的山水画是在一种“游观”的状态下创作的。与此不同，西方的景观绘画强调的则是一种“观望”的状态。

在中国的散点透视的山水画之中，不是局限于一个特定的角度来做画的，而是通过移步换景的方式去创作的。人们每观察一个角度的同时将画面人为地组合到了一起，这样就形成了中国独有的全景式动态景观画作品。郭熙也曾经提出了一些关于这种说法的说辞，如“山形步步移”和“山形面面看”是中国式的独特的思维方式，在不同的时间场景观看“全景”，各部分之间再相互渗透，形成一个有机的整体，进而体现时间意识形态。中国画这个独特的概念是通过追求无限流动空间的观点出发的，建筑空间与自然空间的相互融合也是在这个概念下的有机组合。

2. 构图与透视

人们通过观察外部世界的方式（图 4.22），决定了选择山水画和建筑环境的要素，空间形态组合上表现出相似的空间。虽然画是静态的空间艺术，但中国画不仅仅满足于静态的表现空间，也进一步证明了动态的时间。例如《长江万里图》卷，横长可达 11.14 米，垂直只有 26.9 厘米高。而且由最多八个英尺或更多的鸟瞰动态连续景观组成，与园林布局连为一体，是一个综合性的艺术空间。在这幅画中运用了很多艺术表现原则和手法，和中国山水画的布局基本相同。其中多处运用移步换景的手法，通过隐藏一个场景，形成一个场景连续的景观布局，是动态的连续的景观构成。清代沈宗骞在《芥舟学画编》中有“千岩万壑，几令浏览不尽，然作时只需一大开合，如行文之有‘起’、

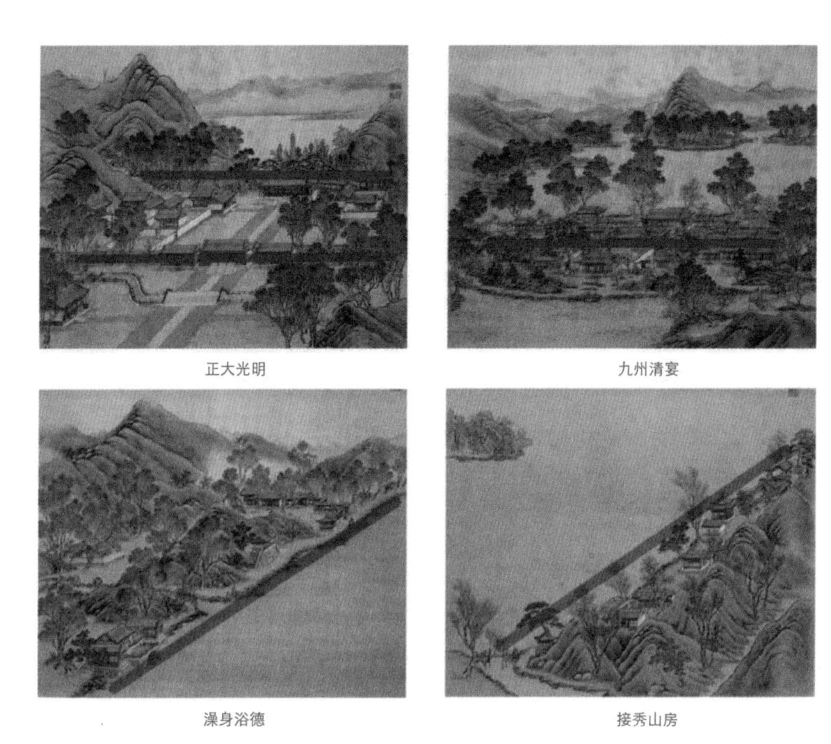

图 4.22 平行与斜线的构图对比

‘结’也。”的观点，他还指出，“时有春夏秋冬，自然之开合以成岁，画亦有起讫先后，自然之开合以成局。”都体现了移步换景的思想。

注释

①引自《华夏意象——中国建筑的具体手法与内涵》，王镇华，中国文化新论·艺术篇·美感与造型，三联书店 .1992，第 716 页。

②《历代名画记》，张彦远，唐：第八卷。

③引自《画山水序》，宗炳，第 64 页、141 页。

④引自《宋人画论》，潘运告，第 114 页。

⑤引自《论语 · 卫灵公》，孔子，春秋战国时期：第十五篇。

⑥引自《孟子 · 尽心上》，孟子，春秋战国时期：上篇。

⑦ 引自《园冶》，计成，重庆出版社，第 114 页。
⑧ 引自《杨舟画舫录·工段营造录》清·李斗。
⑨ 引自《画楼阁诸法》载《芥了园画传第一集山水巢勋临本》，1951 年版，人民美术出版社，北京，第 283、284 页。
⑩ 引自《墨子·备城门》，先秦：第十四卷。
⑪ 引自《洛阳伽蓝记·王子坊》，杨衒之，北朝：第三卷。
⑫ 引自《宋人画论中画记杂说》，潘运告，第 209 页。
⑬ 引自《昭昧詹言》，清人方东树，人民文学出版社，1990 年，第 156 页。

参考文献

[1] 郭伟琴 . 传统模件思想在景观形态设计中的应用研究 [D]. 苏州大学 .2011.
[2] 刘泽颖 . 论中国传统山水画对江南古典园林的影响 [D]. 河北农业大学 .2013.
[3] 布正伟 . 建筑语言结构的框架系统 [J]. 新建筑 .2000,5.
[4] 靳超 . 中国传统绘画中的建筑形象及表现手法 [J]. 北京建筑工程学院学报 . 2002,2.
[5] 连晓红 . 古典建筑与中国山水画程式的关系与影响 [J]. 鞍山师范学院学报 . 2010,6.
[6] 张大力 . 文化园林、文学园林与美学园林——试论中国古代士大夫园林在当代住宅区园林建设中的借鉴意义 [D]. 天津大学 ,2004.
[7] 罗瑜斌 . 中国山水画与古典园林的文化发展 [J]. 广东园林 .2008,1.
[8] 秦屹 . 界画·建筑·环境——界画的建筑学解读 [D]. 上海大学 .2007.
[9] 张春菊 . 中文文本中事件时空与履性信息解析方法研究 [D]. 南京师范大学 , 2013.
[10] 石红超 . 苏南浙南传统建筑小木作匠艺研究 [D]. 东南大学 .2005.
[11] 刘姝瑛 . 传统山水绘画对现代园林设计的影响 [D]. 湖南师范大学 .2009.
[12] 宋之仪 . 建筑文化视野之下的两宋时期界画研究 [D]. 湖南大学 .2010.
[13] 易奕 . 画意文心——中国文人山水园林的山水美学意境 [D]. 湖南师范大学 .2006.
[14] 张赟 . 文人写意园 [M]，东南大学 , 2005.
[15] 陈磊 . 屋木山水—中国古代建筑与山水绘画研究 [D]. 中国美术学院 . 2011.
[16] 成垚 . 以石为绘 . 华清宫传统园林叠石的山水意境表现研究 [D]. 西安建筑科技大学 .2013.
[17] 李韦 . 斜卷流苏卧游山——论中国山水画与中国园林艺术的关系 [D]. 南京艺术学院 .2008.
[18] 郭钟秀 . 建筑的伦理功能研究——模件的意义辨析 [D]. 江南大学 . 2008.
[19] 邓国祥 . 从界画看中国古代的建筑意识 [J]. 文艺研究 .2003,6.
[20] 曹云钢 . 以汉代建筑明器为实例对楼阁建筑的研究 [D]. 西安建筑科技大学硕士学位论文 .2007.
[21] 李宏 . 一公里到一毫米—超尺度建构的设计与理论研究 [D]. 中国美术学院博士学位论文 .2013.
[22] 谷泉 . 论皴和皴法 [D]. 中国美术学院博士学位论文 .2003.
[23] 李泽厚 . 美的历程 [M]. 天津 : 天津社会科学院出版社 .2001.
[24] 侯幼彬 . 中国建筑美学 [M]. 北京 : 中国建筑工业出版社 .2001.

第五章

模件下
山水画中的建筑形态

一、模件化理论

（一）以模件化体系秩序建构的必要性

将模件化的理论引入到建筑学中是具有开创性的，那么到底何为模件？最先对模件概念有系统论述的是雷德侯 (Lothar Ledderose) 的《万物》，雷德侯教授是著名的汉学家，对中国的书法很有研究。他在《万物》中对模件的概念是这样概括的：从古至今，万物的创造总是有着它们各自所遵守的客观规律，而这种客观规律可以简单地概括为几个很基本的法则。即使是相同的事物因组合方式的不同也会呈现出不同的效果。《万物》中用中国人创造的数以万件的艺术品进行举例阐述模件，如在公元前 5 世纪的一座墓葬出土了总重十吨的青铜器，那些青铜器上的图案与铭文在我们外行人看起来好像都一样，其实每一个青铜器与青铜器之间的图案都是有区别的，同样的模件用不同的组合方式会形成不同的模件体系。还有就是秦始皇陵兵马俑，那些兵俑的脸型只有八种，但是因为他们有好几种不同的胡子和头发，脸型与胡子和头发的不同组合形成了千变万化的兵马俑。中国古代发明的模件体系也是不断发展的，并且在我国的历史发展进程之中不断地变化创新。在《万物》的导言部分就归纳了中国的模件思维，从中国文化的草创阶段起，经历公元 4 ~ 7 世纪佛教传入后的佛教绘画与雕刻的母题及木刻印刷技术的发展，推进了模件体系的进一步发达完善。在这样的社会背景条件之下出现了网格化城市的模数系统，同时也在绘画和书法艺术方面发展出了美学价值的信奉，提出了“纯任天机”和“卓荦不群”。[①]

通过这本书的启发，从中国传统建筑中的模件体系入手来进行研究，找到模件体系的运用带给中国传统建筑的具体特征。在古代的建筑领域当中，不只是在中国传统木建筑中运用了模件体系，在西方也有。其中最为突出的是西方的现代主义建筑，它的建筑形态虽然与中国传统木建筑有着很大的区别，但它们的构造建筑的方式却是如此相似——都大量使用模件体系。二者在形态上不同，在精神气质方面也有着很大的区别，但这并不妨碍使用模件，因此模件体系的确具有重要性。雷德侯在《万物》之中，将我国的汉字概括为模件系统，由“元素－模件－单元－序列－总集”这样五个等级关系构成。而中国建筑体系则相应地按照复杂性依次递增层次，分为明晰可辨的五个层级：“斗栱－开间－建筑－院落－城市”。[②]把这个理论应用到建筑当中，每一个建筑都经过了最基本元素的排列组合，进而形成了具有一定的特定性质的模件。而且在建筑之中，这些模件都是统一化的，它们可以经过大量地复制生产，并且可以相互替换，门与窗等细小的零部件，还有宫殿建筑中的斗栱结构都是这样形成的。

每种不同的模件用不同的方式去组合就可以形成单元，建筑之中的每个单元都有不一样的颜色、模式与尺度，虽然有着一定的区别，但同种类型的单元都是标准化的。最后建筑由很多个不同的单元组合成了一个统一的系统模式，在建筑中就好比由门窗等零部件组合成塔桥与楼台，建筑因为由标准化单元组建而成，而具有其自身独特的价值与精神内涵。经过许许多多的调查发现了不仅在中国传统建筑之中的开间与斗栱具有相同的模数，当时大量的院落与城市也在建设的时候按照统一的方式去加大模数来实施整体性的布局研究。我国的古代建筑之中的模件体系有一个十分独特的变化法则，即建筑之中的模数并不是单一不变的，它可以通过变换的排列与组合形成独特的新的形式，如亭台楼阁、宫殿和庙宇。按照建筑的等级，通过不同的模数与模件的排列与组合，形成具有不同意义的建筑。在建筑的设计中，可以通过这种方式使其存在一定的独特性和实用性，与此同时还能体现出建筑与城市在一定的规律性之中的区别，而且这样是完整的与模件体系内在的逻辑相互契合的。

模件化体系的发展与广泛的应用也塑造了社会结构，后来又提出了“卓荦不群”和“纯任天机”的理论来打破模件单一的发展方向，在绘画和书法艺术方面同时发展出了美学价值。雷德侯教授在他的书中是这样解释这个问题的，他提出在模件化的生产关系之中存在着一定的分级体系，而这种体系有利于创造具有一定等级的物件。他所阐述的这一思想在中国古代的历史建筑之中体现的十分明确，举个例子来说在古代人们可以轻松地辨别出五开间和七开间在祖庙中的区别。

在十分复杂的模件系统之中，怎么样才能创造出个性化的事物去表现创新思想是一个重要的问题，面对如此严峻的问题，我国的书法艺术与古典绘画给出了明确的答案。在程式化的基础之上，又能达到深刻的思维与技艺的创新。用当时著名画家王羲之的作品《兰亭序》来举例说明，相传他的“永字八法”是书法艺术的精华，但是这种技法是他本人想要再次创作也不可能创造的，这与他在创作时的心境、情感与手法都有莫大的关系。模件体系的个性与它的自身创造力是人们在艺术创作之中时时刻刻提到的话题。人们通过对于简单秩序的复杂性进行合理的组合分布，进而创造出了变化无穷同时又秩序分明的模件体系。

模件化系统的思维创造方式是千百年传统中国人的思想文化根源，在中国古代，最有代表性的就是宫殿建筑，在宫殿建筑当中，每一个梁与柱的结合，每一砖一瓦的应用都无时无刻地体现着模件化的思想内涵。研究表明，中国模件艺术的生产方式与西方具有很大的区别，但是它们之间根本的共同点就是“模块化思维”。

（二）内部单元中的隐含关联系统的构建模件体系

除了在建筑大木作和小木作的结构上模件体系的应用，还体现在传统的建筑结构应用的重要方面，尤其是在一些传统的小木作结构当中，如隔扇、门窗、天花等。它们既体现了传统建筑在一定的时间、空间内的审美需求，又是对建筑结构功能的一种延续。如传统隔扇由边框、格心、裙板和绦环板几个部分组合而成。这些部分占据特定的位置和结构，是模件体系在小单元建筑中的应用与发展（图 5.1），也是通过这种模件系统内部的隐藏结构来构建模件，这种隐藏的结构可以说是一种组合与排列的方式方法。

由于模件化体系在中国广泛运用得甚早，其中最著名的例子是在山西侯马的铸造厂中，有超过 3 万件用陶范残片制作的青铜器，而且其中有大规模的零部件。这种模件化的生产方式后来被应用到了绘画之中，同样也被应用到了建筑当中。由此可见，中国古代的模件体系与现代的大规模标准化生产

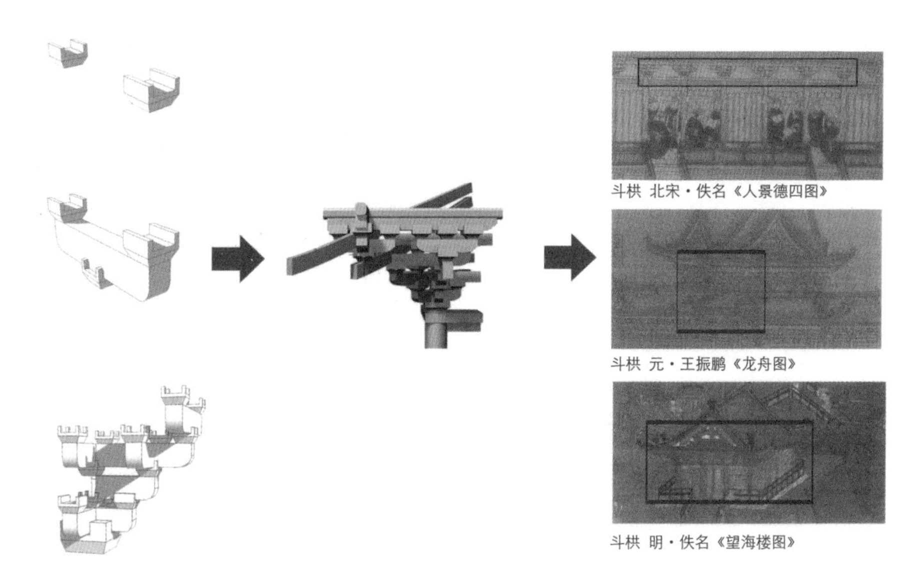

图 5.1 模件化理论

之间唯一的差别在于科技的发展，就像雷侯德说的一样，从古至今中国人都习惯在生活中的各个方面运用模件体系，无论是绘画还是建筑，或者说是日常生活。在模件体系的内部单元中有一种隐含的关联模式，模件正是随着这种隐含的单元模式不断地发展前进的。

（三）模件体系在建筑中的应用

模件体系在中国有着很强的影响力，在中国古典建筑之中应用的十分广泛，这深刻地说明这种体系在中国的重要地位。模件化的生产形式决定了他所创造出的建筑种类少之又少，但是在这些建筑之中存在着一种特定的等级差异表达，模件化的生产方式分别对应不同阶级的人去生产，但是大部分都是为皇权服务的，在模件化的生产关系之中存在着一定的分级体系，而这种体系有利于创造具有一定等级的物态。我们可以举个例子来说明这种模件化的等级制度。那就是中国传统建筑的屋顶形制，屋顶形制可以分成以下几种

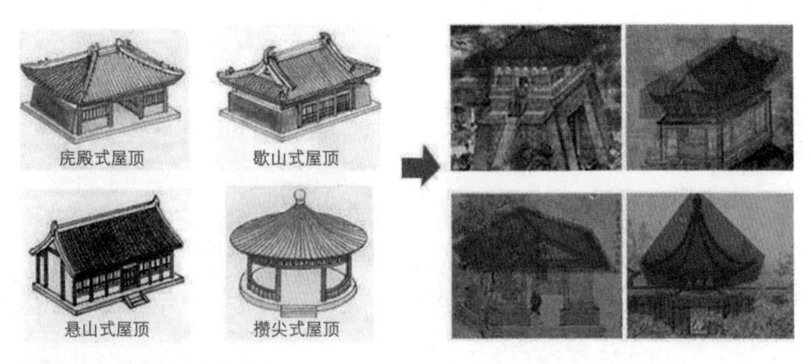

图 5.2　古建中屋顶的分类

形制：重檐、庑殿、歇山、悬山、攒尖等等，虽然种类很多，但是其中的重檐与庑殿的屋顶形制是皇家专用的（图 5.2），而当时的普通老百姓只可以使用硬山的屋顶形制，还有更低等级的屋顶来装点建筑。这种种现象表明，模件体系不仅仅可以区分社会的等级，又可以使政治和文化的一致性得到进一步的加强。

模件体系是中国自古以来就存在的一个体系，它包括了许多的领域，但是其中最突出的要数建筑领域了。这种体系最早出现在秦汉时期，当时已经有了趋于成熟的“榑栿梁架”的建筑形制，这种建筑形制是为了当时在很短的时间内完成大规模的宫殿建设的需要而产生的，因此采用大规模的批量生产，不仅实行了工宫匠役制度，而且在材料的选择上也应用了数量富裕并且便于施工的木材，然后按照传统的模件化的生产方式进行生产，这样才能确保在短期内满足数量和质量需求。这一生产体系发展到了唐宋时期已经完全成熟，从宋人李诫所著的《营造法式》来看，建筑的模件化已经成为生产最大的特色（图 5.3），并且已经十分完善，其中有类似说法来说明这类现象，那就是“凡构屋之制，皆以材为祖。材有八等，度屋之大小，因而用之。各以其材之广，分为十五分，以十分为其厚，凡屋宇之高深，名物之短长，曲直举折之势，规矩绳墨之宜，皆以所用材之分，以为制度焉。”

模件化的生产方式不仅在中国有所体现，在西方也亦是如此，并且得到了广泛的应用。在 20 世纪 50~60 年代，西方住宅建设迎来了高峰期，为了提

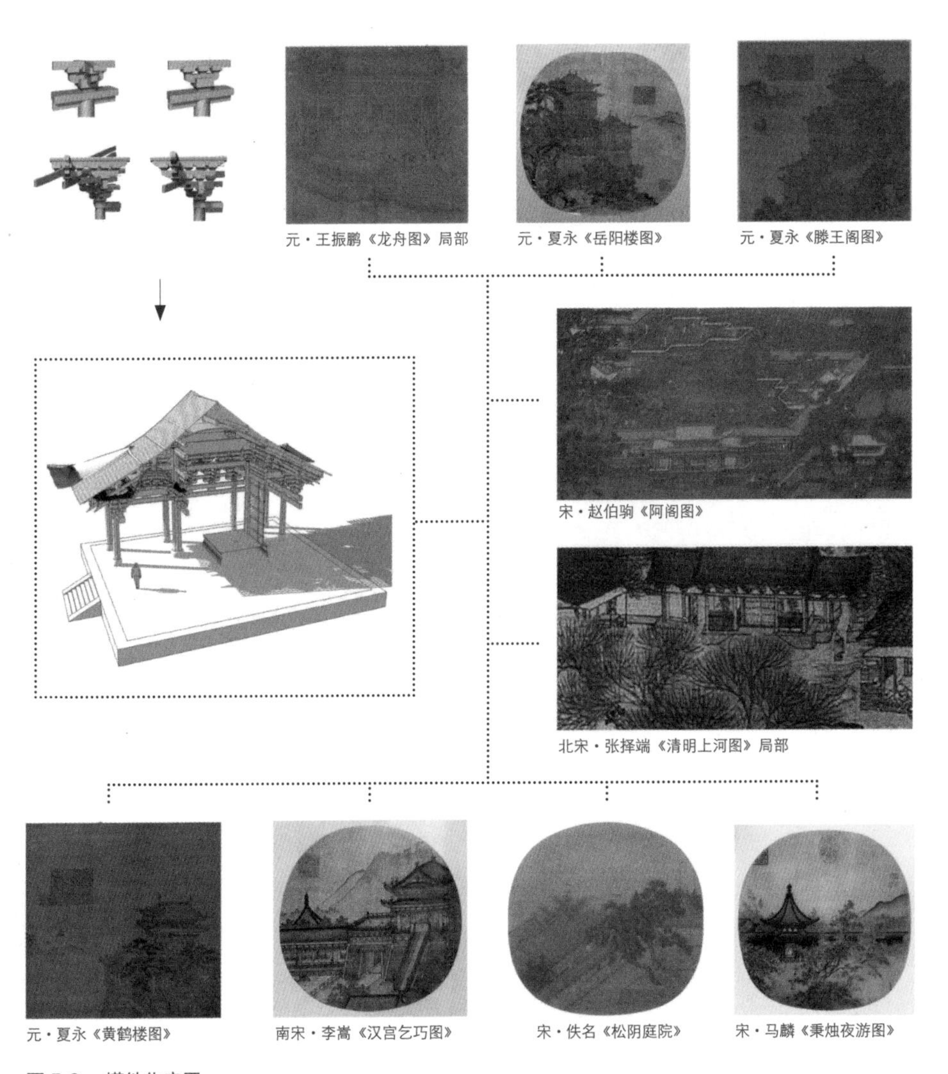

图 5.3　模件化应用

高生产速度和降低生产成本，顺应当时的工业技术的发展需要和社会的发展需求，产生了现代主义建筑流派，其特点是大量地运用工业化的建造技术，大批量地生产模数和预制件，形成了十分标准化的模件化生产方式，而这些细小的模件在现代的建筑当中仍然是最基本的建构单位。现代主义建筑是指

明·佚名《望海楼图》

宋·李氏《焚香祝圣图》

图 5.4　模件化系统

20 世纪初期在苏联、德国、荷兰等欧洲国家，由一小批先进的知识分子以及精英所开创的一种建筑思维方式，这种建筑思维方式具体表现在建筑上具有明确的服务对象，那就是为广大的穷困大众来设计。由于多数西方古典建筑基本没有运用模件体系，因此本书将不再论述，将选取中国传统木构建筑和西方现代建筑这两个运用模件体系最彻底的派别做深入研究和比较。

中国传统建筑并不是所有的建筑类型都应用了模件体系，只在宫式“正式”建筑中采用模件化生产，而像园林这样的休闲场所，其游乐性质的“杂式”建筑(图 5.4)则在模件体系之外，较少采用这种生产方式。本书所谈到的“正式”建筑是就宫式建筑的主体而言的，其中最典型的形态就是三开间“一明两暗”的布局方式。“正式”建筑之中的巨大系列都是通过这种基本型演变而来的，但是它的平面形态仍然保持着相当规整的长方形形制。虽然它的平面布局形态单一、左右对称，但是在建筑之中具有特定的规范性、组合性与通用性，这是在木构架的体系之中的一种有着极强大的生命力的形态，从而使宫式建筑处于中国古典建筑之中的主体地位。杂式建筑则是正式建筑的补充，在正式建筑之中通过不拘一格与多样丰富的形制，形成了强有力的美感形式，在很大的程度上丰富了宫式建筑的形态与外观。木构架单体建筑这种宏观的程式构成和互补机制，充分显示了它所在体系的高度成熟性和合理性。在后文的阐述中，运用模件体系研究的中国传统建筑都指正式建筑。我国古建是从原始社会开始就已经一脉相承，木构架是建筑构成的主要形式，并且木构架可以创造与其相协调的各种外观与平面。梁柱式的木结构形式复杂，要求严格才能对位，因此要加工细致。人们通过对于简单秩序复杂性的合理组合分布，进而创造出了变化无穷，同时又秩序分明的模件体系。通过规定的严密性，使建造房屋时省了许多不必要的麻烦，通过建造房屋时所需要的规模的大小，就可以确定到底应该用几等材去建造，最后再按照建筑的基本形式与构件等等的规定数量，我们就可以了解我们所需的具体尺寸与形象，进而促使全部设计与施工等都可以顺利地完成。

在中国古代的传统建筑中，许多装饰纹样使模件体系的建造，得到了丰富，其中最典型的例子就是万字纹。万字纹是中国古代传统的吉祥装饰纹样，这种纹样频繁地出现在瓷器、建筑的花窗与家具等多个领域中。作为大家喜闻乐见的图案类型之一，万字纹的寓意是美好与吉祥，如果可以把它加以变形成模件应用到建筑的设计当中去，可能促进精神形态与艺术形式的表现。模件系统依据元素的提取基于图案分析的基本形式，在元素提取的过程中，进一步分解与重组生成相应的元素，获得万字图案所形成的模件化规律。

（四）模式化特点对模件体系的影响

模件体系在我国从古至今都有着广泛的应用，通过其良好的组织策划，形成优秀的作品。在其生产步骤中，每一步都有极为标准的制作，这使得模件体系具有极强的完整性。在使用模件体系的同时，提高生产与制作的效率，并且便于人们管理与组织。在整个大的模件系统中，每个人都有其特定的分工，根据分工的不同互相调节合作，使整体完善而且统一，这就是模件系统的极大优势。虽然现代社会单一化的机械生产导致其缺乏特性，形成了特有

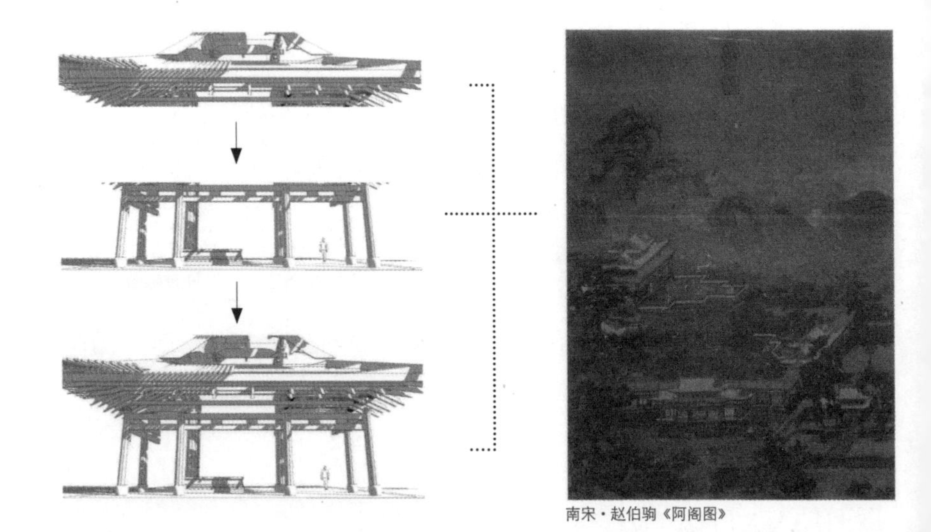
南宋·赵伯驹《阿阁图》

图 5.5　模件化思想

的中国式机械复制模式，但是体系的发展仍然是利大于弊的。我们可以通过细小的改变来形成其特点，如中国的传统绘画艺术。为了研究模件体系如何在建筑之中更好地应用，才可以让建筑的功能呈现到最完美的境界，以及根据建筑物自身的特点，创造出具有内在独特文化价值的作品，我们一直在不断地创新探索着。在建筑学领域，整个模件体系涉及的内容主要是斗栱、门窗、梁柱等等（图 5.5），把这些种类在模件体系的层面上进行认知与了解，是一个全新的思考范围。而模件体系作为一个属于社会生产组织领域的内容，之所以成为本文的研究实体，与建筑学发生关系，是源自于德国汉学大师雷德侯于 2000 在中国出版的大作《万物》，这是一本具有独特视野的书，它抓住了中国艺术品制造中与西方艺术所不同的最重要的特征——模件化与大规模生产。模件体系对大多数中国人来说都是略知一二却不敢确定的含糊字眼，因为它是雷德侯这位德国人在对中国艺术及社会组织形态深入的研究后提出的概念，是我们司空见惯的内在规律。

模件体系的成就是通过重新对制造者被指派或自己确定的任务而评估，无论情况如何，两个基本的、多少有些矛盾的目标始终明显存在，那就是其生产的物品不仅品种多样而且产量极高。在此还要考虑苛刻的雇主的要求，雇主通常都希望质量超好并且价格便宜，在此基础之上还限定了极为严格的施工期限，通过这种方式去获得最大的利益，模件体系正是针对这些相互矛盾的要求应运而生的解决办法。模件化生产体系的增长方式遵循着细胞增殖的原理——暂时的按比例增长，某一点之后由新模件的加入产生新的增长（图 5.6）。在木结构体系的建筑中，斗栱是组合构件，在构架中用料最小，规格最多。梁思成对斗栱有过这样的解释，“在梁檩与立柱之间，为减少剪应力故，遂有一种过渡部分之施用，以许多斗形木块，与肘形曲木，层层垫托，向外伸张，在梁下可以增加梁身在同一净跨下的荷载力，在檐下可以使出檐加远。”这样的说法恰到好处地说明了斗栱结构的重要性。斗栱一般由“斗”、“栱”、“昂”、“翘”和“升”五部分组成，虽说外观没有太大差别，但是斗栱的种类和做法却是非常多，不仅不同体量的殿堂斗栱规格不同，而且同一体量的殿堂斗栱位置不同，规格也不一样，佛光寺大殿中就发现了七种不同形式的斗栱。为了研究模件体系如何的在建筑之中更好的应用，才可以让建筑的功能呈现最完美的境界，以及根据建筑物自身的特点，创造出具有内在独特文化价值的作品。在建筑之中，斗栱的大小是按房屋的规模而增减的，因此我们可以确定它以及其他的构件还有整个建筑物之间的比例关系。在大规模的宫殿建筑建设的过程之中，斗栱的构件的规格与数量都是十分惊人的。在同一座建筑中，较大的斗栱并不是依比例放大其构件，而是通过增加构件的数量来组成的。所有增加的木构件都取自仅有的五种基本形式，它们显然都适合大规模的标准化加工，并且能够适用于各种建筑物。作为把出檐部分的重力转移到柱子上的承托结构部分，斗栱的施工质量直接影响到整个构架和建筑的质量。在工官匠役的生产方式下，无论从制定《法式》和构件的加工，还是生产的监督管理，都必须运用“模数”，实行构件的“标准化”，否则生产就无法进行。因为斗栱有着不可取代的作用，所以关于斗栱的各部名词繁多。斗栱在中国建筑中的地位似乎愈到了后期越加显得重要，用预制部件装配式的方法做成的不同部件，自然有不同的名称加以区别，以便制作和装配。清代建筑以“斗口”为模数，整个建筑物变成以斗栱为核心而展开。古代工

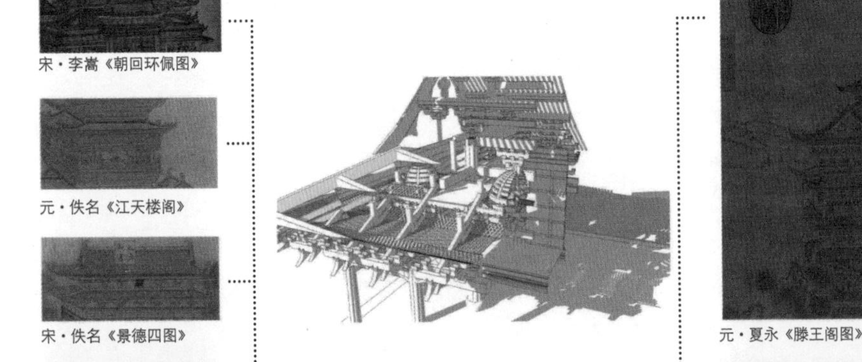

图 5.6　宫殿建筑模件化

匠施工，除地盘图外，基本不用图纸，由匠师发给工匠丈杆，其上画按所用栱为单位的格，并标出所拟制构件的分数和真长，工匠即据以制作。

建筑因其材料不同而产生不同的结构法，梁柱构架式是以木材为主的建筑的构造方式：在四根立柱上，搁置梁枋，形成一“间”，在搁置的梁枋中，前后横木为枋，左右为梁，梁可数层重叠称之为“梁架”，逐层缩短，呈梯形，逐级增高称“举折”，左右的两梁末端，每一级上承长榑，直至最上为脊榑，所以可以有五榑、七榑或十一榑不等，视梁架层数而定。每两榑之间，密布着并列的椽，构成斜坡屋顶的骨干，加上望板，上面覆盖瓦从而成为完整的屋顶。通常一座建筑由若干“间”组成，以“间”为基本单位进行重复增长来解决人们所要求的尺度和规模，“间”的数目增加，建筑物的尺度及所有木构件的规格也会成比例地增加。中国传统的单座建筑平面构成一般都是以“屋顶结构”或者“柱网”的布置方式来表示，建筑平面只是结构的平面，而非功能平面，这也完全是和“模数化”、“标准化”有关。在以梁柱为基本单元增长构成一间，再以间为基本单元增长为一栋 3 开间、5 开间、7 开间或 9 开间的长条形建筑单体时，各构成要素之间还存在某种比例，最终建成的建筑物在平面上是以柱网开间为单元模式。剖立面上还形成了建筑物整体的模数比例，最终形成比例协调的美感，这种比例的控制同样以“材分”为模数的设计方法。这些取得了建筑空间与形体的良好比例的梁柱构架，其中一切荷载均由构架负担，承重者为立柱和梁枋，墙面无需承重，仅为隔断墙，所以墙面上可以灵活开窗、设门，甚至还能将墙壁去掉，在适应建筑的不同需要时有着很大的自由度。

根据使用要求，单体建筑需要组合成为一组建筑群，满足不同的居住以及社会的需求，中国传统建筑中的正式建筑也经常出现群体组合的形式，特别是擅长运用各个院落之间的组合手法去达到一种新的精神目标，进而去满足各类建筑的不同使用要求，单体建筑本身并没有太多的功能上的区别，只有靠不同方式的组合，形成宫殿、陵墓、坛庙、宅邸、佛寺和道观等功能不同的各类建筑。中国一幢单体建筑的“间”数虽然有多有少，但“间”的空间形态是基本相同的。一般只中央一间的“开间”稍宽，其他皆相等。这种空间上的单一性，造成了使用功能上的不确定性，或者说具有模糊性的特点。当庭院中存在着使用功能模糊的单体建筑组合的时候，建筑的内在空间就会和外部的庭院空间一起形成一个特定的环境，而这种生活环境具有明确思想内容与使用功能。这一点不同于西方古代建筑，教堂和住宅的建筑样式是截然不同的，他们通过塑造形制不同的建筑单体来满足各种类型的建筑需求，而中国古代的寺庙建筑和住宅建筑都是由梁柱支撑一个大屋顶的类似“棚”的建筑。

所谓复杂的建筑也只是由简单单体建筑组合而成的，院落就是由这些简单的单体建筑围合而成的。根据使用要求不同，有三面围合的三合院和四面围合的四合院，要求再复杂一点，就把若干个院子串联起来，形成几进院落，不过根据建筑性质不同，院落组合方式也不同，正式建筑采用对称的规整式布置，而园林等一些杂式建筑或者说在中国古代社会伦理制度以外的则采取自由布局。春秋战国以来，大量的中国古代城市，除了地形特殊的地方以外，位于平地的城市街道布局一般是矩形的网格形式，皇城的这种特征最为明显，地方城市也大多按照网格形式布置。中国古代城市空间形态受这些制度的影响也是必然的。

井田制的划分形式，也是为了方便实施和管理，由此也可以看出中国古代社会是以简单的基本单元通过复制式的增长构成一个整体的思维模式。中国古代城市空间形态的网格式结构的基本构成单位是“里”，在春秋战国时期，城市居住区已经采用封闭的“里”的形式，按照上述关于井田制与城市形态关系的说法，“里”的形成正是直接受到井田制的影响，形成的居住小社区：“里”四周围以里墙形成矩形小城堡，两面或四面开里门，里内辟小街和横巷以安排住宅，里中设官管理，居民进入必须经里门，聚居规模有定制，故里之大小也基本相等。因城内居住区由若干里组成，里遂为城市面积的基本单位，也就相当于城市的面积模数。“市”也用市墙封闭，定期定时开放。市、里都是矩形小城，整齐地排列在宫城或子城的四周，其间遂形成矩形网格状道路系统，这就是中国古代城市街道多呈矩形网格状的原因。

唐代以后，“里”又称“坊”，随着日益繁荣的城市商业的发展，宋以后取消了宵禁和里坊制度。这种网格状的街区脉络历代沿用，延续了两千多年，成为中国古代城市空间形态最突出的特点。坊作为城市布局的最基本单元，同样是城市的面积模数，城市以一个坊的面积为单位增长，作为城市心脏的宫城的面积大都也与坊和街区的面积有模数关系，如隋唐洛阳的大内占四坊之地，宫城、皇城面积之和占十六坊之地，在面积上都和坊有联系。这种令坊或宫城与街区间具有模数关系的规划方法可以控制宫城在都城中所占面积比例和宫城与里坊群或街区间的尺度关系，能拉开档次，突出重点，并使城市的干道网布置较为均匀有序。在城市规划中运用面积模数的直接好处就是可以使城市布局规整，坊市或街道的面积和布局基本上规范化，这就大大简化了规划工作的内容，缩短了制定规划的时间。

建筑远不止它的物理存在层面那么简单，不同的外观形式、不同的材质、不同的空间都毫无保留地反映出社会及民族文化特色。建筑也因此成为文化的一个重要方面，承载着人类对家园的梦想。模件体系不仅仅运用在建筑的外在物质层面，还渗透到建筑的精神气质里去，通过建筑映射出社会文化、价值观等。模件体系并不是一下就完整地出现在建筑中的，随着建筑技术、材料和使用要求的不断发展改变，模件体系也在不断完善中。我国古代著名的建筑阿房宫中的每一个单体细节都在无时无刻地体现着模件化思想（图 5.7）。

由于工官匠役制生产方式使我国最先掌握了模件体系的生产方式，这表明了当时，虽然建筑手工业生产相对来说比较落后，但是却有了先进的生产技术支撑。工官匠役的手工业建筑生产方式，使中国建筑高效快速地施工，是由可能性转化为现实性的根本原因。中国古代社会是个宗法制度严格的社会，国家如同一个大的家族，对于改朝换代过的新朝代，必要抹去先前朝代的统治痕迹，特别是对于代表了宗族社稷气脉的宗庙和宫室，更是必须要废弃，重新建造新的宗庙宫室，这种心理在中国古代社会普遍存在且根深蒂固。新王朝必须尽可能在最短的时间里以最快的速度建好大量的宫殿以成为都城，只有采用榫卯的木构架建筑，才可能将大量形状尺寸不同的构件分别进行加工制作，然后加以组装，从而提高生产效率和加快施工速度。规模宏大的宫殿建筑群，要在最短的时间里建成，必须具备几个必要的条件：一、投入大量的劳力，同时进行生产；二、建筑结构构件能做最大限度的分解，构件可分别加工，最后组装成构架；三、有效地保证生产，进行的严密的施工组织管理。中国木结构建筑的特点为结构简单，可化整为零，分解为单根的构件，全部用卯榫结合，这样既有利于分别加工，又便于组合装配成栋，完全是中国建筑社会实践需要的产物。

将整个中国古代社会横向比较的话，建筑领域采用模件化的生产体系并不是偶然的，虽然有“废旧城建新城”的历史传统和工官匠役制，一个是建筑领域内产生模件化的强大动因，另一个则保证了模件化生产的展开，但是同时期的其他艺术、文化乃至社会组织形式都有深深的模件化的烙印，这说明整个中华民族的深层的社会思维模式和模件化的生产方式有密切的关系，换句话说，中国传统正式建筑领域中模件体系的运用和中国人深层的思维方式有关，模件体系深深地影响了中国人的思维模式，但同时，中国人也非常适合这种思考方式。

图 5.7　模件体系之 " 阿房宫 "

中国传统建筑的建筑空间其实是非常简单的，空间的基本单位“间”遵循着细胞增殖的原则——达到某一尺度时就分裂为二，而不是继续在第一个的基础上继续成倍无限增大。中国一幢单体建筑“间” 数虽然有多有少，但间的空间形体是基本相同的。一般只中央一间的“开间”稍宽，通进深皆相等。这种空间上的单一性，造成了在使用功能上的不确定性，或者说具有模糊性的特点。也就是说，在中国的传统建筑之中，空间仅仅就是平面之中的空间，这并不像西方建筑之中的厨房与客厅的平面，单单看平面图我们就可以清楚地了解到哪个是厨房，哪一个是客厅了。但是当特定的庭院之中存在了使用功能十分模糊的单体建筑组合的时候，在建筑之中的内在空间与外界空间就会形成相同的生活环境。因此我们这样概括，在中国传统建筑之中是以群体组合最为常见，但是在庭院建筑之中则是以群体布局最为常见，中华民族的传统文化是具有保守性与含蓄性的，而这种建筑之中由围墙、屋宇与走廊围合而形成的封闭空间是与其相吻合的。当建筑之中存在着功能多样、内容复杂的大建筑群时，处理手法通常就是将轴线延伸并向两侧开始展开，进而形成三条到五条轴线并列的组合的建筑群体，但是这种建筑的最基本的单元还是各种各样形式的庭院。其中最典型的例子就是宋代的《清明上河图》，其中大大小小的民居建筑无时无刻地体现着这种思想（图 5.8）。

模件体系在我国从古至今都有着广泛的应用，在整个大的模件系统当中，每个人都有其特定的分工，虽然各类模件名目繁多，但是根据分工的不同互相调节合作，使整体完善而且统一，这就是模件系统的极大优势。其发展是按照最基本的单位——“材”成比例地快速生产，其设定的尺寸并不是绝对精确的，而是相对的，如果改变一个局部，那么整个建筑之内的所有构件就会一起改变，不会出现单独的一个构件脱离整体比例的改变的情况，所以当我们发现两个建筑物一样部分的模件有着同样的尺度的时候，它们与其他构成同一整体的构件永远都保持着一定的比例模式，并且每一个建筑物之间的结合精确程度都十分的高，因此中国传统建筑抗震能力很强。这个法则同样体现在其他等级的模件中，尺寸从来不是绝对的，按比例缩放才是要则。虽然现代单一化的机械生产导致其缺乏特性，形成了特有的中国式机械复制模

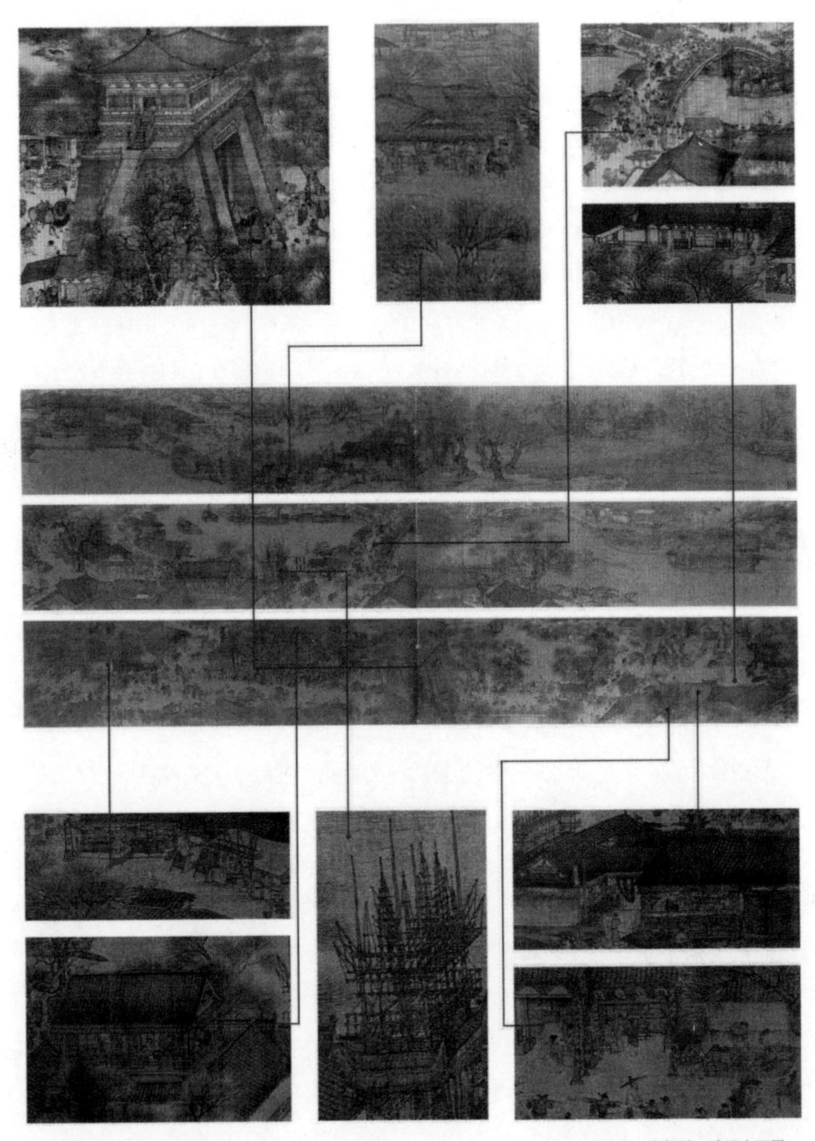

北宋 · 张择端《清明上河图》

图 5.8　模件体系之 " 清明上河图 "

式，但是体系的发展仍然是利大于弊的。从这个方面来说，中国传统建筑中的模件体系更加灵活，通过约束整体比例而不是像西方现代主义建筑那样直接规定模数，所以模件的可变性也更大。但是中国传统正式建筑的构造组合在很大程度上受到封建社会礼制的制约，社会伦理等级关系成为建筑形制和组合布置的首要考虑因素，建筑更是体现出这种秩序的绝好实现方式之一，来体现个人、家庭和社会全方位的秩序与和谐。

二、山水画程式化

中国古代绘画艺术中，山水画的程式化原则一直都有所保留，这种程式化原则并不是单一的复制与生产，而是在某种大的形式的基础之上，作者可以随心所欲地发挥创作，进而形成优秀的绘画作品。那么到底什么是“程式”，这个词在现代语言词典里的意思是一定的格式，而程式化的意思从字面上可以理解为事物处理的规则法度，从更加本质的意义上说，“程式”是文化与审美选择的载体。

程式法则就是规范化的画法，这些规程是历代画家对客观对象的形态进行艺术概括而成的。对于程式的阐释，本体具有显性特征与隐性特征，徒有显性的程式归纳，没有作为“心法”的隐性因素存在的程式，如果我们不去研究程式与自然的协调程度，就会脱离中国传统山水画艺术中的“主客一体”与“主客交融”的文化脉络的主轴。

形与势的塑造是山水画结构程式，中国山水画即使对同一物象进行表现，其风格也是各不相同。与西方绘画相比，中国山水画更注重结构程式。在我国古代的绘画作品当中，对空间的把握有着一定的规律，空间在绘画作品中有着一定的属性。中国传统的山水画构图颇为讲究，无论山石树木的结构如何布势，通常采用散点的透视方法来处理空间，注重空间中的藏与露、虚与实、以小寓大和取舍的合理安排。山水画发展过程中对于空间的营造已经非常成熟，并且思维方式也十分跳跃，其中最有特点的就是表现大型的宫殿建筑，对于宫殿建筑的整体性把握十分突出，在空间的营造上也体现了当时的时代特征。那些所描绘的建筑的形象群组关系与环境的融合关系在整体的画面中都有着充分的体现。山水画在结合原来所存在的物象的基础上，运用内在的独特的程式语言，使造型既应物象形，又超以象外。这是中国山水画注重结构的程式化原则的结果，是通过结构的程式化对物象结构关系的整体的布局形成的。

（一）中国山水画的皴法和结构程式

皴是描绘自然山石肌理结构的对应符号，是还原自然山石肌理结构的绘画符号，传递的是自然山石肌理结构背后的绘画哲理，画家把“所视”转变成绘画。“皴”是自然山石肌理结构的写生，具有中国人特有的思维和行为模式。《易经》上说：“‘无往不复，天地际也。’中国人看山水不是心往不返，目及无穷，而是‘返身而诚’，‘万物皆备于我’。”[③]

皴法，是中国山水画中常用的一种技法。作为“程式化”的典型形态，秉承着中国艺术哲学思想，皴法是艺术家审美意象的一种外化，并且其价值超越了被描摹的自然物象。“皴法”从摹绘自然山水中提炼出具有物象本质特征的形式，构成了山水画的形式之美。皴法这种笔墨形式不只是笔墨的程式化表现，它是人文精神的内在表现，体现着个体与自然、宇宙的完整地生命对接。

皴法程式的反复堆叠在一定程度上是对自然的描摹，因此其最终形成的皴法样式会具有肌理之美的特性。在中国的古典绘画艺术当中，皴法程式原则一直都有所保留，这种程式化原则并不是单一的复制与生产，而是在某种大的形式的基础之上，作者可以随心所欲地发挥创作，这样的话，一方面可以完美地体现山石的凹凸纹理构造，另一方面，画家还可以对于点线面的排列组合形成高度概括，表达出简约而不简单的肌理之美。在中国传统绘画艺术之中有着一股十分强烈的程式感，皴法符号（即程式）的创造和中国书法艺术的空间构造都是同根同源的。在许许多多的皴法形态的图式中，根据皴法形态的外形特征可以把其归为三大类：即点皴、面皴与线皴，举个例子来说传统山水画艺术之中的画石技法，这种技法强调石分三面并且要有凹凸深浅的变化，在其中还充分地强调大间小与小间大。我们可以通过对于皴法艺术手法的充分运用，去完成物象的描绘以及体积感、空间感的塑造。

（二）形态造型的程式化研究

由于艺术家对明暗、皴法、体量的独特把握，使整个景致变得格外生动，而且景观构图以传统山水画的模式布局，以层峦叠嶂营造出深邃的效果。因此，山水画具有清晰的轮廓、皴擦的疏密、明暗层次。在形象的构成上，程式化是指生活原型和艺术品的相似程度，换句话说，艺术形象既体现现实意义上的真实性与生动性，又与生动真实的“艺术感”相依存。

1. 再造物象的形态程式化

在中国的古典绘画艺术中，山水画的程式化原则一直都是代代相传，保留至今的，这种程式化原则并不是单一的复制与生产，而是在某种大的形式基础之上，作者可以随心所欲地发挥创作。其中再造物象指的是从客观现实中提炼与概括，并给对象以新的生命的物质形态，举个例子来说，像人物、动植物、山石、建筑物还有其他物象等等，这一类的物象常常用局部的不一变换，成为有着较为稳定性质的类型化形象在其中。画家按照一些典籍规定的大小与形式来创作就不会远离基本的常形，人为再造程式还体现在图纹装饰形象之中。

2. 虚拟物象的形态程式化

在程式化的造型之中，有一种非常具象的程式化形象，它们并非客观存在的物质，而是大家在想象之中虚构出来的一种理想化的物态，此外理想化虚构形象就是象征形象的程式化造型，这种象征形象是人们在概括与表现某种思想或某一现象时形成的特征形象，即本书所描述的虚构的程式化形象。这实际上就是在说明象征形象常常只起到符号的作用，但是这个作用离开不了特殊的象征意义。如果想要形成象征形象的程式化境地，其中关键的因素就是要探求形象还有其所隐藏的内在意义。这样才能使得象征形象一方面可以适当地唤醒对应的情感表现，另一方面在规定之中遵循客观的逻辑性与真实性。

3. 外师造化，中得心源

在山水画的程式化进程之中，其承载的不仅仅是笔墨技法方面的发展，更重要的是中国传统的艺术精神的继承与发展，这些都来自于自然的山水感受，又应用到绘画的笔墨技法当中。在古代有许多著名的话语来表述这种现象，例如张璪的“外师造化，中得心源”，五代时期荆浩的“度物象而取其真”，都是指对物象的把握要通过形似才可以神似，以形写神之后再形神兼备。我国古代的传统山水画在创作的过程中，借鉴多种自然现象和物象，不断丰富着作品所创作的形象。邓以蛰关于上述问题说过这样的一段话：“尔后山水画遂变成皴擦的艺术，犹之乎人物画竟成为线条的艺术一样。人物画变成线条勾勒的实习，忘其所表现的是动作情态，于是人物画绝迹；山水画变成皴擦的堆砌而失去气韵，于是山水画无足观。”④

三、建筑形态的模件化研究

建筑现状的混乱，让很多人茫然失措，按照贡布里希的理论，人对秩序的掌握是一种与生俱来的生物属性，我们天生比较容易接受并记住有秩序的事物，而不能长时间地处在无秩序状态。混乱让我们茫然不知所措，让我们从内心感到不安和恐惧，因为缺乏对周围事物的整体把握从而没有安全感。与此同时，由混乱的形态带给人感官上的并不是舒适，而是躁动不安。如果说由模件体系介入的现代主义建筑和中国传统正式建筑是单调的，那么当前的建筑是显得杂乱的，超出了我们知觉的负荷，大众对它的审美也显得吃力。因此面对混乱的建筑现状，有人呼吁重新找回秩序感，回到那个可控制的、有条理的世界。因此，本书尝试从混乱的对立面——秩序入手，根据研究主体——模件体系给建筑伦理功能带来的各种影响（最主要的就是秩序、理性

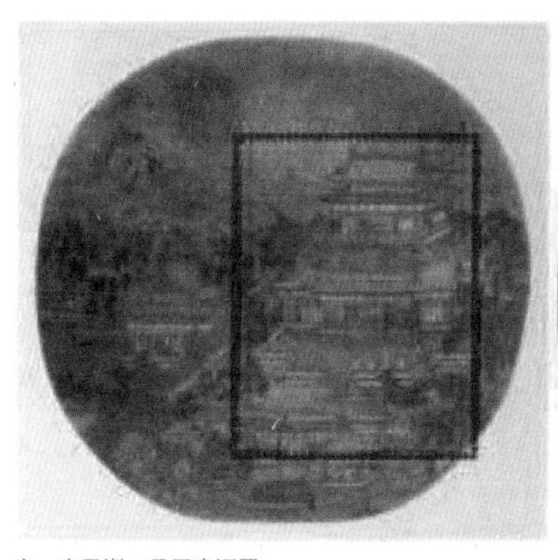

唐·李思训《悬圃春深图》

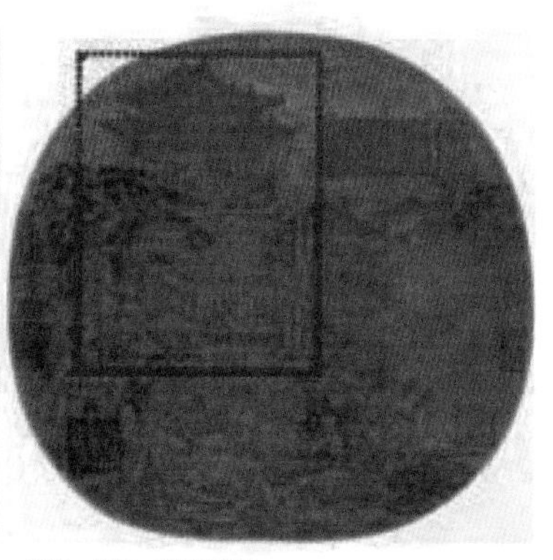

五代·李昇《岳阳楼图》

南宋·李嵩《汉宫齐巧图》

元·夏永《岳阳楼图》

图 5.9　模件化的宫殿建筑

和统一），看看模件体系是否对当前的混乱局面有所帮助，能否帮助建筑找回秩序感。提出这个问题的前提是：模件体系已经慢慢退出了如今前沿建筑的主流阵地，被多样化大生产所取代，从而出现了众多纷繁复杂、个性突出、造型求异的主流建筑。

中国传统建筑看起来也是方方正正，理性的平面布局却并非符合真实的功能需要。所以，模件体系下的建筑呈现出理性的外观，给人带来统一、规整的秩序感，但这仅仅是停留在外观上，建筑呈现秩序、理性、统一的伦理功能特征，而这些与真实的理性思考无关，就像模件化的宫殿建筑一样（图 5.9）。

（一）模件思想的内涵

“万事万物之中无所不至的合理联系”。[5]人们在采用模件体系的生产方式来进行物质生产的同时，模件化也反过来深深地影响着人们的思维方式，以思维方式和物质呈现多种方式塑造着社会的结构。以至于不能清楚地说明白，到底是先有了适合于采用模件化的思维从而发明出了模件体系的生产方式，还是先有了模件体系生产方式从而塑造了人们的思维方式和社会结构。就像关于“先有鸡还是先有蛋”的争论一样，无休无止。但不可否认的是，我们在研究模件体系的生产方式的同时，对模件化的思维方式也就是相对应的哲学及意识形态方面的研究是不可避免的，也是必需的。这样的思维方式才能促进社会的发展进步。在思维方式或艺术品位方面，中国人都显示出直观性和东方特有的浪漫温和。在建筑上则分裂为两个走向：一边是在封建伦理等级制度作用范围内的正式建筑，规整方正、严格对陈、等级分明；另一边则是游乐观赏性的杂式建筑，灵活自由、活泼多姿，顺应周边环境，融入自然。不多的杂式建筑对占主导地位的正式建筑起到很好的补充、点缀作用，也是中国传统中庸心理的体现。但鉴于本书探讨的是模件体系所影响的建筑的伦理功能，所以，对在模件体系范围外的杂式建筑将不做谈论，只对正式建筑进行相关研究。等级制度和群体意识在中国传统建筑中得到了不同程度的体现和表达。中国古代的封建统治者自称为“天子”，他们那种无上至尊的权威需要一种象征，这象征需要一种载体，最好的载体莫过于建筑了，严格的中轴对称、最高的建筑等级把帝王的天下大一统的专制表露无遗，反映出中国传统社会政治结构的基本特点。

中国传统的秩序与伦理最深刻的表现就是“礼”的思想，这种思想突出了上下等级、尊卑贵贱等一系列明确的秩序、伦理规范的基本特征，而且在这些规范之中，统治秩序与人伦关系的规定带有普遍性与强制性的特点，渗透到我国古代社会生活之中的各个领域，甚至从一定意义上可以说“礼”是中国传统文化的核心——通过“礼”的要求与原则建立起来的古代中国的家庭、家族、国家，这些都无时无刻地贯穿着礼的思想文化精神，并且以极为强大

图 5.10　南宋·王诜《飞阁延风图》

的力量去规范人们的生活行为与心理情操。作为诸多礼仪活动的物质场所和生活起居的建筑来说，建筑以其形式表达着作为生活场所的意义，这些都体现着保持自古以来等级制度的社会职能。在模件化的生产关系之中存在着一定的分级体系，而这种体系有利于创造具有一定等级的物件。在我国古代的传统建筑的建造之中，无时无刻地体现着这种思想，其中的建筑等级规定主要表现在宫殿建筑的等级、营造物的尺寸、数量以及建筑形式与色彩等方面（图 5.10）。所以说在屋顶的式样与建筑的形式、建筑用材、色彩装饰、群体组合、方位朝向等都有着十分确定的等级规范，为了加强皇权的统治，这种程式化思想常常见于建筑之中，建筑就成了传统礼制的一种特定的载体和象征。

中国传统建筑的建筑空间其实是十分简约的，在我国古典建筑之中的正式建筑也经常出现群体组合的形式，特别擅长运用各个院落之间的组合手法去达到一种新的精神目标，单体建筑之间并没有太多的功能上的区别。中国传统建筑并不是所有的建筑类型都应用了模件体系的生产方式，例如园林建筑就很少出现模件体统，但是在大部分的宫殿建筑之中都体现这种模件化的体系建造。“礼”作为一种我们通常意义上说的人伦秩序规定与统治秩序，其最高价值取向就是巩固与强化整体秩序，而其中被严密地包围在群体之中的是单独存在着的个体形式，最初人们要思索的是应该在现有的人伦秩序中安伦尽份并且去维护整体的最大利益，进而产生了一个等级分明、尊卑有序，还有不容犯上僭越的社会环境。中国传统建筑不像西方传统建筑那样，张扬着高耸云端，给平凡的人带来莫名的压迫感，中国传统建筑和缓地匍匐在大地上，谦逊地顺应着自然，但这也并没有给人带来多少轻松的感觉，人在偌大的建筑群中，同样感慨于自己的渺小，自己的无能为力。建筑中的斗栱梁柱对应与这个等级社会中的每个个体的人，按照等级分类，不同类型的个体各自忠守于本职工作，各个社会机体有机协作，完成一个秩序井然的社会运转，单体的个人永远是渺小而不值得提及的。

西方现代主义则是受到现代性思想的影响，宣扬“自由、民主、科学”，坚持理性主义，但是，在它劳苦功高地解决了住房难的困境之后，人们对它的批判与反思也越来越多，其中最典型的就是后现代主义。在这些现有的形式主义之中，反对的矛头大多指向现代主义的功利性，主要是因为其过于理性、刻板、专制，缺乏人情味。这种现象好像和中国古代传统建筑专制制度中形成的理性的单调的思维，威严而不亲和的形式等有着相同的地方。中国传统建筑采用木头为主要材料，石头或其他金属的建筑在小范围内存在，一般用于陵墓、宗教。有很多学者都研究过为什么中国传统建筑会采用木制，从自然地理环境、经济、社会制度等方面找出了各自的原因，但每个原因都存在一定的片面性，事实也不会是因为只有一个原因导致了木制建筑在中国建筑中长达两千多年的主导地位。能够让木构建筑如此经久不衰的主要原因在于木结构形式的建筑在节约材料、劳动力和施工时间方面，比起石头建筑优越得多。中国古代社会掌握石制拱券的技术和西方相差无几，并且我国古代社会拥有足够多的石材与劳动力，但是不会去考虑用石头去创造那些可以传世已久的具有重大意义的建筑物，那么何必要浪费那么多的人力与物力的资源呢，更何况中国人并不求物传千年。

因为采用了木构架体系，中国建筑的施工时间比西方建筑快得多，即使工作量相同，施工起来也比较方便，这种现象的原因主要是中国古代传统建筑的规模是由量的积累而形成的，其分布的范围非常广，工作面域巨大，可以同时进行工作，而且由于结构上采取了标准化和模件体系，工官匠役制度保证了通过严密的施工组织发挥最大的效率。在整个大的模件系统当中，每个人都有其特定的分工，根据分工的不同互相调节合作，整体完善而且统一，这就是模件系统的极大优势。模件体系在中国有着很强的影响力，在中国古典建筑之中应用得十分广泛，这都能深刻地说明这种体系在中国的重要地位。在我国，古代传统建筑之中的工官匠役的生产方式，虽然没有需要建筑理论的必要，但是却万万离开不了法式与制度的帮助，建筑之中的生产方式是经历了历代相传的方式发展的，但也不会有“质”的改变，所以说传统的木构架建筑在实质上也没有原则性的变化。这就是中国传统的木构架建筑体系数千年来一气呵成的原因，也是其不受外来建筑文化影响与上层政治风暴干扰的根源，因此我们可以充分地感受到数千年以来我国传统的木构架建筑体系的魅力了。人们通过对于简单秩序复杂性的合理组合分布，进而创造出了无穷变化同时又秩序分明的模件体系，为了研究模件体系如何在建筑之中更好地应用，才可以让建筑的功能呈现到最完美的境界，以及根据建筑物的自身特点，创造出具有内在独特文化价值的作品。

到了封建社会末期，在原有木构架建筑体系上，发展出了繁杂琐碎的装饰，并没有在空间结构或材质等建筑基本元素上有所突破。这也是和长期以来，建筑一直是以工程技术的方式代代相传，缺乏相关的建筑理论或任何形式的关于建筑的思考的必然结果。而那些描绘建筑形象的群组关系与环境的融合关系在整体建筑之中都有着充分的体现。建筑在中国古代素称“匠学”，是一门由工匠们手传身授的技艺，在“道器观念”和“本末观念”被奉为中国封建社会重要价值观念的时代，建筑只是一种技术性的建造活动，属于被轻视的“器”的行列。为了确保构件加工制作的准确性，历代王朝都制定有建筑法规和相应的各种制度，这些法规和制度，不单是技术性的，而是严酷的官府法令。完全对应于现代建筑性质的专业人员在古代是不存在的，但是肯定存在具有这门专业知识的各种有关人员（大匠、将作、匠师以及都科匠等）共同担负起建筑设计之责。

中国建筑虽然是在“雕虫小技，君子不齿”的思想支配下，完全由“匠师”担任建筑工程，但是中国建筑仍然是士大夫阶层（知识分子）和工人合作创造出来的产物，知识分子没有参与到营造过程中，但是一切建筑计划、布局安排、式样设计等都是由知识分子决定、参与讨论以及布置各项工作的。采用模件体系进行建筑生产，是与中国古代社会人的思维定式相对应的，采用模件体系进行生产的远不止建筑领域，建筑只不过是众多“器”里面的一种，包括需要群体合作完成的陶瓷、青铜器、武器制作等一些领域都采用了模件体系的作业方式，甚至文字、社会生活组织、绘画等更高一级的文化领域中，也都有模件体系的痕迹。所谓“一叶障目不见泰山”，我们常常在一些拙劣的风景照片中看见这样的构图，“所以画大场面时要把透视关系缩至最小，最好把中景作为近景，这样远近大小差别就会减少。”[⑥]

这不禁让人感叹模件化对中国古代社会的深刻影响，其实，或许正是因为中国古代社会长期的官本位、天人合一、实用理性等多方面的综合文化传统，模件化早已经深深地渗透到民族心理，成为某种集体无意识，它才会在整个社会生产生活甚至艺术领域都会有痕迹，这种影响，在今天的中国社会仍深深地隐藏在民族心理的最深处。在漫长的封建社会中，社会生产、社会生活没有提出新的空间需求，建筑技术体系迟迟没有突破，建筑载体的变革也极为缓慢，世界上现存的文化中除了印度之外，最古老的体系就是中华民族传统文化之下的建筑体系，其他古文明如埃及、巴比伦等都已成为历史陈迹，正如梁思成所说的：“我们的中华文明则血脉相承，蓬勃地滋长发展，四千余年，一气呵成。”但是这种发展体系过于封闭，缺乏自身新陈代谢的生命力，时代的瞬变，令这个古老的体系面临从未有过的尴尬局面。

明·刘珏《夏云欲雨图》 明·李在《山村图》 明·米万钟《峰峦清逸图》 明·马轼《春坞村居图》

图 5.11 模件化的山

1. 模件化的山

园林中的山水，是以立体的物质性存在的。山水是园林物质性建构序列要素，古人关于山水有“石令人古，水令人远”的说法，还有“仁者乐山，智者乐水”的说辞。水和山常并称山水，在园林建设中也常是结合设计，同步施工。这就是通常所说的“山得水则活，水得山则流”（图 5.11）。

2. 模件化的曲水设计

水是中国文人士大夫阶层品格的代表，所以水一直是文人画家最为关注的题材。古语云：“地者，万物之本原、诸生之根菀也。”那么水到底是什么呢？水也是万物之本原。画家王翚、恽寿平在其画论中对水评道：“水道乃山之血脉贯通处，水道不清，则通幅滞塞，所当刻意研求者。”水是山之血脉贯通处，这是画理，也是造园之理。宋代画家郭熙在他的著作《林泉高致》中指出，水是活物也，是可以陶冶人的情操的物质形态之一。在中国传统私家的园林设计中，理水是整个园林的命脉，水的本质形态在这里可以起到虚实与隐显的沟通作用。

3. 古代园林理水模件化处理

中国古典园林建筑的构成元素为建筑、水体、植物等，是通过景观元素按照规律的排序创造出的新的构成形式，并且是以自然山水作为出发点进行创作的。理池是园林表现形式之一，池中为水，水即是设计中表现自然的最主要方式（图 5.12）。

作为富有生气的构成元素，水的流动性得到最广泛地应用，使其具有固定和特定的意义，成为造园设计的重要因素。在自然式的园林中，虽然也表现水的动态美，但更多地则以水的静态形式体现，并且以表现水面寂静深远的境界为重点。由于受到文人画“写意”思想的影响，其理水理念是“藏不尽”。或可采用以桥作横断，隐藏一部分水的景致，纵深人的视线，营造似无尽意的幽深之感。

计成在《园冶·相地》中说“卜筑贵从水面，立基先究源头，疏源之去由。”这里反复强调的，就是水和水源。“流”、“活”与“动”是水的一个十分重要的性格和审美特征。郭熙在其著名的画论《林泉高致》中有一段话是描写水的，大概是这样描写的：“水，活物也，……欲多泉，欲远流，欲瀑布

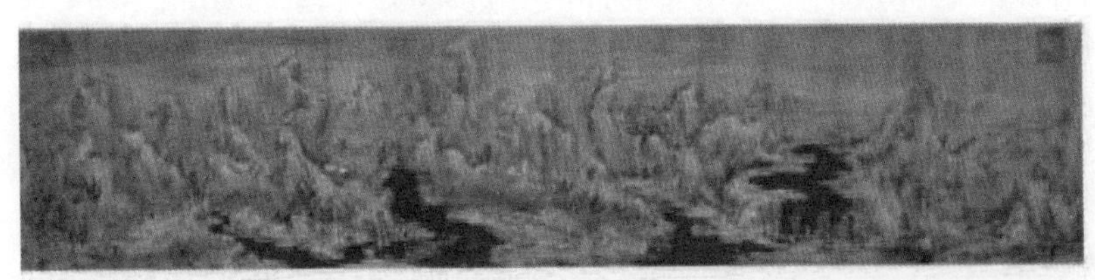

南宋·赵伯驹《江山秋色图》

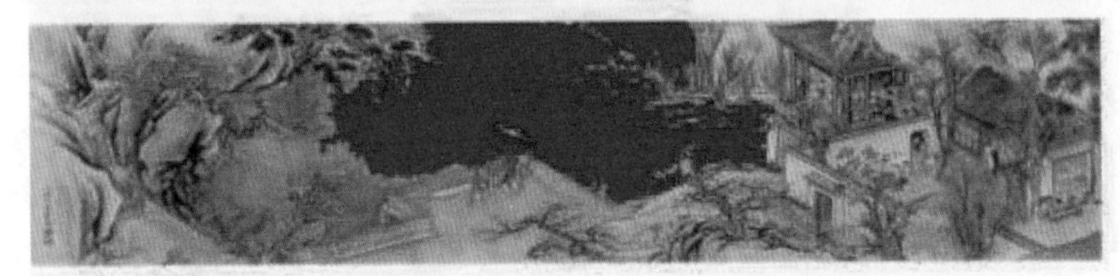

清·沈宗骞《山水图》

图 5.12 模件化的理水

插天，欲溅扑入地”等，绘画是静态艺术，但郭熙要求表现出水的动态，表现出水的“活体”，这确实抓住了艺术中的水体的审美性格。

中国园林理水的物质建构与绘画美学和儒家有关的伦理哲学一样，具有相同的审美参照，或筑堤横断于水面，或隔水净廊可渡，或架曲折的石板小桥，或涉水点以步石，这就是计成在《园冶》中所阐述的“疏水若为无尽，断处通桥”意境。水有一种不能人为掌控的自然的形制，理水的概念其实是顺应水的特质。

（二）模件的生成

模件体系在中国传统建筑中的运用，可能最初的目的只是为了在短时间内完成大量的建造活动，或者只是由于模件化已是中华民族的民族性格，但是，模件化生产成为中国传统建筑的建造方式，在一定程度上帮助形成了伦理等级制度，使之成为中国古代社会中不可动摇的根基。建筑除了能遮风挡雨，其精神属性一直是礼制的一个外化物。中国古代社会的礼制伦理在建筑上的影响是极其深刻的，形成了严格的建筑等级制度，等级的分类通过模件化生产变得更加容易操作，就像生产十一顶帽子供给九个阶层选择，这种通过物质上的等级区分更加强化了社会成员的等级观念。

从古代流传下来的关于建筑的史料少之又少，我们却可以从其他有关“礼”方面的研究中找到关于建筑的内容，一些古代的建筑制式是通过“礼”的记录才得以流传。他们不是有兴趣从建筑的角度来“考”都城宫室的布局，目的只是希望借此保持“礼”的传统。在一个宗法制的封建国家，“礼”被认为是在资源有限的社会里，使每个人安定于其地位而防止逾越纷争，使社会保持秩序的一剂良方。在其中最突出的伦理特征是关于上下等级与尊卑贵贱的明确而严格的秩序规定，这个理论已经渗透到古代社会生活的各个方面，从一定意义上说，它是中国传统文化思想的核心内容的体现。模件化的生产关系中存在着一定的分级体系，而这种体系有利于创造具有一定等级的物件与巩固皇权。空间形态方面，中国传统正式建筑的平面一般是以“间”为基本单位，按奇数值增长成一个建筑单体，由 3 间到 11 间甚至 13 间不等。由于采用了标准化，建筑单体在变化上是有限的，中国古代建筑没有采取将单体建筑向竖向高度发展的组合方式，而是在二维平面上摆放各个建筑单体，围合成一个个院落，而同期的欧洲古典建筑一般都已经在建筑单体的基础上向天空发展，矗立的一座座尖塔与平铺在地上的大片院落平房的中国建筑形成鲜明对比。中国传统建筑通过大小、形状、性格不同的院落，化解了一个个单体的有限约束，丰富了原本单一、直接的空间，形成了纵横交错、大小不一的围合空间，李允鉌因此说，中国传统建筑的院落组合实在是一种十分高明的构图手法。

模件体系决定了建筑的基础框架，然而在框架上如何带着不同的审美并且要创造符合不同人的审美要求的建筑，则是各有所长，在此也反映出了模件体系对于建筑美学的运用没有太多的约束和影响力，它只在空间上有更加明显的体现。然而在色彩装饰和造型上的突出还不够用来掩饰模件体系带给建筑功能的理性和色彩的统一秩序感。

模件体系的生产方式在我国古代和现代西方都不单单应用在建筑的领域，而是一种普遍存在于社会生产当中的现象，如中国古代的青铜器、陶瓷、兵器、印刷等手工业的领域中都普遍使用，甚至在中国古代绘画和书法中都带有模件体系的痕迹。中国人不介意被模仿，同时也不介意以复制的模式增长，这是追求艺术的至高境界，也是我国和西方的模件体系的不同体现。西方的模件化是机械的大量生产，单体模件之间有着绝对精准的尺寸，而中国古代的手工业模件单体的尺寸是相对的。在一座佛塔的建造中，斗栱的木构件看起来可以互相转换着用，但其实这种单体模件之间的互换性仅局限于手工行业的小范围之内，并不像是西方的单体可以互相转换。中国古代的社会体系和生产方式与西方截然不同，但因为模件体系，两者看起来又有些相似之处。从生产方式来说，我国封建宗法社会的建筑，只有采取官营的方式，才能解决建筑实践的问题。官营制，是皇室和朝廷组织的手工业生产，设置监督机构和职官的一种制度，从全国征招工匠、士兵和服刑的犯人，实行严酷的军事管理，以无偿的奴役制度保证了高效的施工和建筑的质量。中国每次的改朝换代，都是采取“废旧国，建新朝”的方法，这就是能够在最短的时间内建成最宏伟的宫廷建筑的原因。早在殷代就有“天子有六工，司空懂之”的说法，在周代，朝廷职能进一步完善，分为六种职业，在“司空”的属下设“百工”的官制，主管手工业。所谓“百工饬化八材，定工事之式”，“饬化八材”就是将八种材料，按照一定的生活需要进行加工制作。凡是运用技艺能制成器物的人都称为“工”，从百工“定工事之式”，说明古代的工官，在周已有订立制度和法式的职能了。

在工官匠役制的运作方式下，如何组织数量庞大的人进行生产，统治者不仅要控制工匠的人身自由，强迫工匠服役而获得生产力，同时必须要控制产品的质量，保证生产速度，这实在是一个复杂的管理问题。“物勒工名”和“劳动分工”是为解决难题而采取的办法。据《礼记·月令》记载，在冬季主管手工业的官吏要考核生产情况，就是根据物勒工名以考其诚，功有不当，必行其罪，以穷其情。“物勒工名”，就是工匠在他所制作的产品上，刻写上自己的姓名和生产日期。据此检查工匠是否诚实地按照法式生产，不合要求的，必须惩罚其过失，追究其原因，以防止“造作不如法”或“造作过限”。这对建筑生产尤为重要，因为加工制作的构件以千万计，一个构件不合规格要求，就影响整个构架的安装。在大规模的宫殿建筑工程中，用榫卯结合的木构建筑，加工制作的构件的种类和数量，是十分惊人的，以简单劳动协作的方式进行生产，每一根构件都必须合于规格和质量要求，否则就无法构成整体的建筑物。古代在建筑生产中，用物勒工名的办法控制工匠生产的产品质量，目的在考核产品质量是否合于要求，保证造作如法，或造作不过限。这就首先必须给工匠生产构件以既定模式，工匠才能照法制作，工官才能依法考核。所以，历代工官制的一个重要职能，就是制定营造的规范和法式。特别是对于复杂而庞大的工程，没有一个工匠能够样样精通，必须有人监督并指导整个生产过程。整体性创作与分工生产的另一个本质区别，是后者需要严格的监督管理。这种生产方式不仅用在建筑营造方面，同属于官式手工业作坊，生产方式也相同，整个社会体系的生产组织方式都是工官匠役制，都是采用物勒工名，劳动分工的方法。

图 5.13　清 · 袁江《阿房宫图之四》

（三）模件性质研究

1. 模件形体的不变性

模件体系在我国从古至今都有着广泛的应用，通过良好的组织与策划形成了许许多多优秀的作品，并且在其生产步骤当中，每一步都有极为标准的制作，这使得模件体系具有极强的完整性。在模件体系运用的广大范围之中、在创造的过程之中，最小最基本的单位、独立的标准构件就是模件，而这种模件的整体形式不会因为尺度的变化而改变。以传统建筑中的柱子为例来说明这个问题，这种柱子在中国古代是有着其必须要遵守的等级要求的，为适应当时不同的等级、开间建筑功能要求，柱高与直径都会随之产生相应的变化，但是作为建筑结构体系之中的模件，其变化的只有柱子的比例关系，并没有改变柱子的基本构造形态。

我国古代的间是中国传统的正式建筑最基本的单元形式，单体建筑是通过若干个间去构成的，一进或几进的院落是通过单体建筑的围合而形成的，其中的院落群组是构成里坊的最基本的单位。在广义上来说，中国传统建筑这个大体系之中的模件不只有梁、柱、斗栱等等，还会分为以下的几个等级，那就是构件、间、庭院、里坊，最后形成城池（图 5.13 和图 5.14）。于此相

图 5.14　南宋·李嵩《汉宫乞巧图》

比较，西方建筑则是不一样的，在西方现代功能主义建筑的最基本的单位则是建筑单体，不像中国传统建筑单体那样按照礼制组合成庭院与里坊社区，并且相对于中国建筑群落的布置来说，其组织形式有更多选择自由。在整个大的模件系统当中，每个人都有其特定的分工，根据分工的不同互相调节合作，使整体完善而且统一，这就是模件系统的极大优势。虽然现代单一化的机械生产导致其缺乏特性，形成了特有的中国式机械复制模式，但是体系的发展仍然是利大于弊的。

2. 模件置换性

在整个模件体统之中还存在着一定的置换性，这种置换主要体现在不影响模件的整体系统状态的前提下的替换，从而形成一个有着自身特性的整体形式，使用一个全新的模件单体去代替原来的固有模件形式，进而组成原始系统的一个变体。替换是构建另一个模块系统，形成新的系统最重要的方法之一。这种模件的置换是一个理性的过程，以模块化的独立为基础，进而增加模件系统的建设反式转换结构。一般来说，元素之间的交换不会影响整个结构和元素之间的关系变化，但是会改变系统结构的性质。

3. 模件的秩序性

从字面的意思去理解秩序就是节律，同时秩序也是人类本能的精神形象。有序的形式和结构被认为是核心的艺术形式，而模块则是一种相同或者有细微区别的，本身具有一定的秩序的物质。模块化结构形成的组合使其具有一定的秩序性，同时产生许许多多十分复杂的变化。所以，底部是模块化的系统性能和审美形式的外部来源。模块通过叠加呈现出高度的视觉秩序，模块化系统作为一个有机结合的整体，提出了一种系统的、模块化特点的思想理论。

4. 模件系统的适用性

模件系统还存在着另一个十分重要的性质那就是其适用性，中国传统社会生产的模件化思想的本身就体现着这种性质。在中国古代，没有设计师的时候，工匠们在生产活动之中积累和总结了很多的经验，通过经验去创作出许许多多流传至今的优秀作品。所以与西方近现代创造的模件化体系相比较的话，传统的模件化思想与系统在中国可以得到更好地适应性的应用。模件系统可以适应古代中国的传统哲学思想与美学，可以更好地适应中国，更好地符合中国人的思维习惯。因此模块化的思想可以通过推理的形式，抽象和提炼更多的联想空间艺术形象的解释。传统的模块化思想，不仅反映在形态结构的外观，还包括一定数量的精神内涵和层次结构。传统的模块化的思想形态是一个多方面的应用，取决于模块化系统的内涵。

（四）建筑模件化

中国传统建筑之中的开间与斗栱具有相同的模数，当时大量的院落与城市也在建筑的时候按照统一的方式去加大模数来实施整体性的布局研究，这就是最初的模件化思想体系的形成。如亭台楼阁、宫殿和庙宇，按照建筑的等级，通过不同的模数与模件的排列与组合，形成具有不同意义的建筑。而李诫的《营造法式》也是一部经典的“建筑模式手册”（图 5.15 和图 5.16）。中国的传统建筑从秦代开始就形成了建筑组合形式的营造法则，通过这些我们可以说中国建筑的形式法则是从建筑单体至城市之间形成的。

小木作这个词来自《营造法式》，是相对于大木作而言的，是指不属于建筑大木构架、对于建筑不起结构支撑作用的木作装修构件。《营造法式》中列举的小木作有：门窗、隔截、天花藻井、栏杆、龛橱佛帐以及一些室外木作小品，如井亭子、棵笼子等。清工部《工程做法则例》则将小木作称为装修，并分为内檐装修和外檐装修两部分。在江浙地区，小木作一词常简化成小木，仍被频繁使用，但其涵盖的内容和意义或比《法式》更加宽泛，或与《法式》完全不同（图 5.17）。

如果要谈及我国传统建筑的木作体系，首当其冲的就是大木作与小木作，而其中的大木作就是我们通常所认知的建筑范围内的梁柱框架结构，相对于小木作而言，其功能主要是对与建筑的空间进行细致的分划与归纳。大木作

结构特征

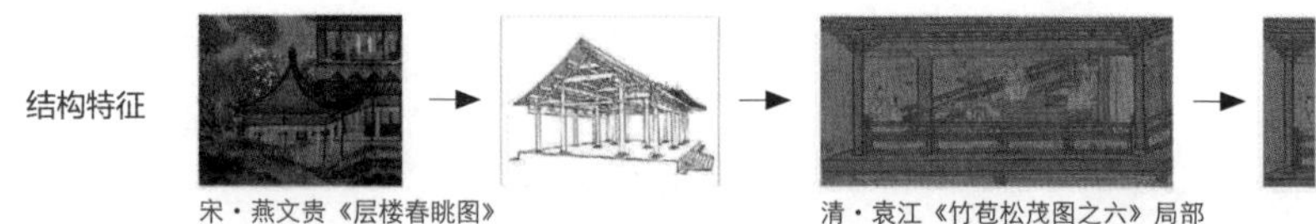

宋・燕文贵《层楼春眺图》　　清・袁江《竹苞松茂图之六》局部

构件种类　唐 → 清

由《考工记》所载“攻木之工七”可知周代木工已分工很细，以后各代分工不同。宋代房屋的附属物平棊、藻井、勾阑、博缝、垂鱼等的制作，归小木作，明清时则归大木作。宋代大木作以外另有锯作，明清也归大木作。木构架房屋建筑的设计、施工以大木作为主，始终不变。

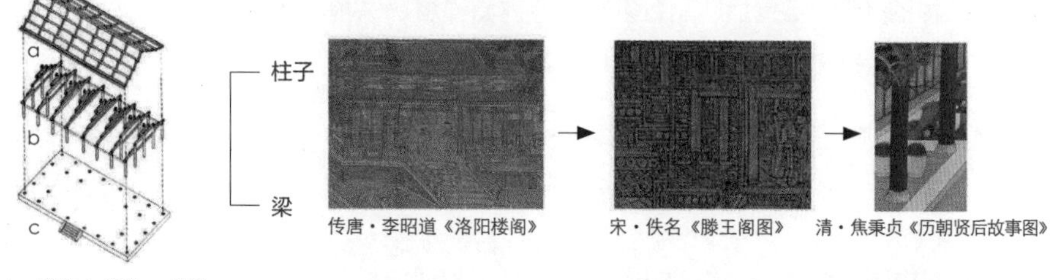

传唐・李昭道《洛阳楼阁》　　宋・佚名《滕王阁图》　　清・焦秉贞《历朝贤后故事图》

a 檩枋　b 梁架　c 地面

屋顶形式

殿堂结构：全部结构按水平方向为柱额、铺作、屋顶三个整体结构层，自下至上逐层安装，叠垒而成。如造楼房，只需增加柱额和铺作层（平坐）即可。应用这种结构的房屋，平面均为长方形。

攒尖顶

歇山顶

宋・佚名《松阴庭院》

清・丁观鹏《太簇始和图》

清・袁江《竹苞松茂图》

五代・李昇《岳阳楼图》

清・谢遂《寒林楼观图》

清・袁江《梁园飞雪图》

大木作是我国木构架的主要结构部分，由柱、梁、枋、檩等组成，同时又是木建筑比例尺度和形体外观的重要决定因素，大木是指木架建筑的承重部分。

图 5.15　大木作分析图

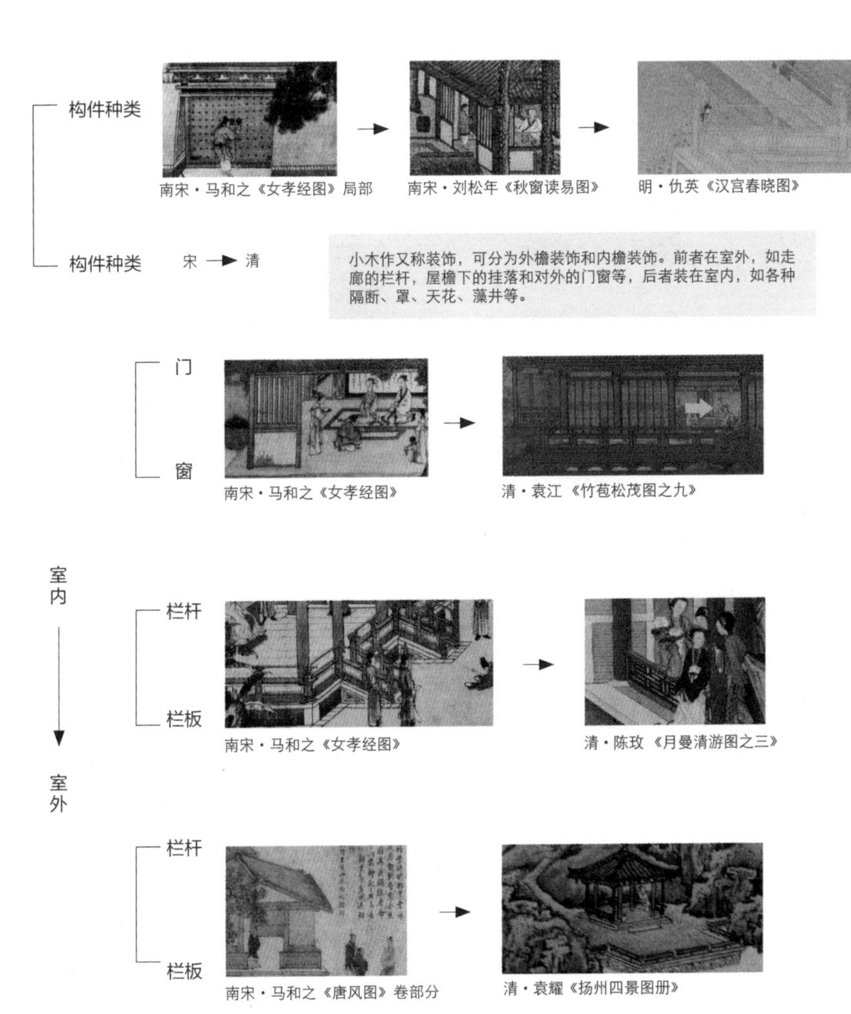

小木作是古代汉族传统建筑中非承重木构件的制作和安装专业。在宋《营造法式》中归入小木作制作的构件有门、窗、隔断、栏杆等。清工部《工程做法》称小木作为装饰作，并把面向室外的称为外檐装饰，在室内的称为内檐装饰，项目略有增减。

图 5.16　小木作分析图

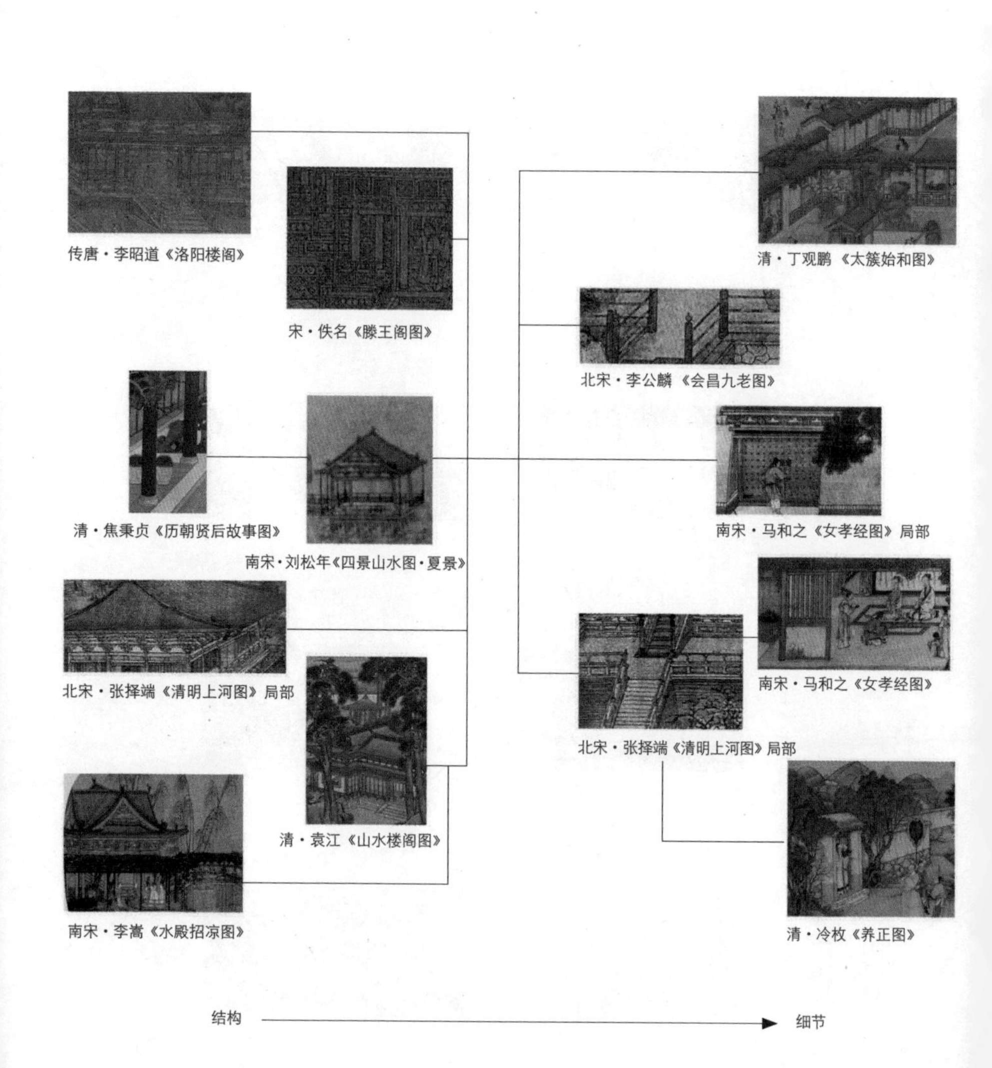

对比：大木作和小木作是建筑木作领域中两个重要的木工工种，相应的木工也有大木匠和小木匠之分。因木作加工技术本身的区别并没有截然的分界，就工匠本身而言，则有可能一人同兼有大木作和小木作两种手艺。

图 5.17　大木作与小木作分析图

能够更好地赋予建筑以不一样的“身份”和“性格”，使建筑具有极强的实用性与耐看性。对于大木作，学术界的研究很多，相比之下，对于小木作的研究虽然一直存在，但却很少。

在我国悠久的文化历史之中，对于中国传统古建筑领域的研究颇深。我国传统建筑的木作体系主要有大木作与小木作两大类，其中大木作是建筑之间的梁柱框架构造，在传统建筑当中承担着栋梁作用，但其实拥有十分重要地位的则是小木作。在《营造法式》中，对于小木作部分的论述占了六卷之多，其中列举了 42 种小木作的制造方法，并且会配以大量的图样方便人们理解，由此可以看出宋代时期的小木作的重要地位。与此同时，在小木作当中还包括了千变万化的装饰性内容，这些内容体现出丰富的传统艺术中的人文主义思想，因此小木作成为深入研究我国古典建筑艺术与传统文化之间关系的极为有利的线索。对于小木作的研究萌芽于 20 世纪上半叶，虽然梁思成先生对《营造法式》之中的相关的内容进行了系统的研究，但是单单对于小木作的部分却只进行了最基本的翻译工作。在此之后，其学生们才对法式之中的小木作研究进行了具体的研究，但是因为很多原因，并没有见到出版的成果。之后又有许多著名的建筑专家开始系统性地研究小木作。

小木作一词来自宋《营造法式》，是相对于大木作而言的。小木在苏南和浙南传统中，主要是指器具一类的，浙南又称方木、细木，但制作精细、装饰感强的门窗等也包括在小木一类。基于这种分类上的复杂，为了行文的方便和概念的明确，本书在小木作前加“传统建筑”四字以排除器具等不属于建筑构件组成部分的、在民间被称为小木的一类木构件。大家所熟知的传统建筑的意义是以传统历史发展而来的建筑技术工艺，并且使用了传统的建筑体系之中特有的材料所建造的传统形式的建筑物。传统的建筑形式最主要的意义是指有满足传统的生活方式的建筑功能平面，且反映了一定历史时期人们喜好的艺术立面形式与约定俗成的装饰形式。传统的建筑形式还可以在某种程度之上表现出传统文化的色彩，例如伦理制度、哲学思想与宗教精神等。传统建筑包括了相当广泛的范围，它不仅仅代表古代的建筑，还包含了近现代社会中在某种程度上拥有着传统形式的建筑群组，那些建筑群组主要指的是外观运用传统形式或者材料的建筑。

大模块，在我国传统的建筑中，通常以“间”为最基本的单位，而建筑之中的模件则是由檩、梁柱、枋还有斗栱等等构件为之，并且是通过巧妙地运用榫卯结构去创造出框架结构的建筑形式。在传统的建筑构建之中，垂直承重构件指的是柱子，而水平承重构件指的是梁、枋、檩，除此之外的斗栱则承担挑檐的荷载，这些建筑之中最基本的构件又是通过各式各样的更小的构件构建出来的。举个典型的例子来说， 斗栱就是由许多形式的栱、斗、昂等等细小的构件组成的，而这其中所提到的栱、斗、梁等等多种多样的构件组成了模件——在我国传统的建筑结构之中，模件体系构成其最基本的元素。而在模件体系之中，这一个个细小的木构件都满足于一定的功能和形态方面的需求与建筑等级，所以说从模件的材质需求与大小尺度的要求，再到建筑单体与规模都实现通常意义之中的“标准化”。这种模件的组成形式在我国古代的典籍著作之中都有所著录。

小模件，在我国数千年的文化发展史中，传统古建筑的小木结构模件体系的应用不单单表现在建筑结构中，而且还体现在传统建筑的装修之中，这也是关于传统模件体系的具体实施的重要层面，其中具有明显特点的就是门窗、隔扇还有天花等传统多样的小木作建筑结构。这些小木作结构之中不单单表现着传统的建筑审美要求，也体现着建筑结构功能的一种延续。比如传统隔扇是通过裙板、格心、边框和绦环板等等部分创造的，格心是模件体系的建筑模式的主要代表之一，并且在发挥重要的功能的同时还占据独特的位置。规则的木棂条组成的格心是隔扇的视觉中心，它表现了样式与图形的多样性，我们通常所见到的有冰裂纹、海棠纹、万字纹、菱格纹，还有套方锦等各式各样的装饰纹样。但这些多种多样的格心装饰图案，其创造过程仅仅是通过有限的几种构件相互搭接、旋转，然后组合而形成的，这就是模件体系中的个性表现。

注释

① 引自《万物》，[德]雷德侯，张总 钟晓青等译，三联书店出版，2005 版，第 6 页。

② 引自《万物》导言，[德] 雷德侯，张总等译，三联书店出版 2006 年版，同上注，149.150 页。
③ 引自《孟子 · 尽心上》，孟子，春秋战国时期。
④ 引自《邓以蛰全集》，邓以蛰，安徽教育出版社 ,1998 年 .398 页。
⑤ 引自《爱因斯坦传》，〔苏〕库兹涅佐夫，刘盛际译 , 商务印书馆 ,1995 年 .349 页。
⑥ 引自《李可染论艺术》，李可染，人民美术出版社 ,1990 年 .49 页。

参考文献

[1] 钱海月 . 论中国古典园林与中国山水画的关系 [J]. 南京工业职业技术学院学报 .2006,3.
[2] 胡苏 . 士人园林艺术之文化精神 [D]. 东南大学 .2005.
[3] 岳原 . 中国传统山水画中的景观规划与设计思想研究 [D]. 西南科技大学 . 2009.
[4] 张凯 . 以林泉高致为视角探析中国古典园林 [M]. 哈尔滨工业大学 . 2008.
[5] 杨庭武 . 略论中国园林艺术的意境结构 [J]. 美与时代上旬刊 . 2013,8.
[6] 连晓红 . 中国山水画程式化之探析 [J]. 理论界 .2010,5.
[7] 张白露 . 郭熙研究 [D]. 东南大学 .2006.
[8] 邱族周 . 山水画与中国古典园林之关系研究 [M]. 中南林业科技大学 .2006.
[9] 耿力 . 山水画与中国古典园林 [J]. 美术教育研究 .2011.3.
[10] 晏莹 . 简论林泉高致的美学思想 [D]. 山东大学 .2008.
[11] 孟庆琳 . 科学理性与艺术感性的和谐统一——中国传统界面中的科学理性精神 [D]. 南京艺术学院 .2007.
[12] 于一冰 . 林泉高致的境界及其对宋元山水画影响 [D]. 山东大学 .2011.
[13] 邵金峰 . 中国画论中的生态审美智慧研究 [D]. 山东大学 .2011.
[14] 陈见东 . 从林泉高致集　山水训看人与自然的相互取悦狂欢 [J]. 艺术探索 . 2008,4.
[15] 郭春 . 中国古典园林与中国山水画的研究 [J]. 城市建设理论研究 . 2012,5.
[16] 万翠蓉 . 从绘画看明清园林——明清园林的画境研究 [D]. 中南林业科技大学 . 2006.
[17] 王蓓 . 中国山水画艺术元素在明清江南古典园林中的典型应用与现代传承 [D]. 湖南科技 .2013.
[18] 李劼刚 . 我国古典园林与诗画艺术意境之比较 [J]. 聊城大学学报 .2004,2.
[19] 王小柠 . 论"五方"观念对中国传统山水画方位意识的影响 [D]. 扬州大学 . 2012.
[20] 李义娜 . 画境与实景——从界画逻辑发展史看中国古代建筑景观设计的艺术表现 [D]. 东南大学 .2009.
[21] 李可染 . 谈学山水画 [J]. 美术研究，1979,4.
[22] 何志龙 . 建筑伦理功能的探析 [J]. 山西建筑 .2013.

元·夏永《黄鹤楼图》

北宋·赵佶《瑞鹤图》

对生命韵致的追求体现在其题材上，仙鹤的吉祥属性是对于美好生命的向往，建筑造型上的“翼角起翘”也是对气韵生动的一种完美诠释。直线与曲线的结合富有生气。

清·焦秉贞《山水楼阁》

元·佚名《滕王阁图》

对于生命韵致的追求体现在其材质上，木结构为主的建筑材料是有生命的，木头会随时间流逝而腐败，建筑会随主人地位的盛衰和朝代的更替而产生改变。这是一个有机的新陈代谢的过程，也是中华民族精神的体现。

清·宫廷画家《圆明园》

清·张若澄《静宜园二十八景图》

对生命韵致的追求体现在其思想上，山水画中的楼台、山水、花草是在有机生态观上对生存环境的一种认识。体现出人们对自然生态的集体无意识的追求，尽显“钟灵毓秀”的和谐生态观，强调建筑与环境的完美融合。

清·焦秉贞《历朝贤后故事图》

清·陈玫《月曼清游图》

对务实主义的追求体现在其叙述手法上，作品表现手法极为写实，传达的是一个景象、故事或者一个历史事件等，供人们广泛传播。

宋·郭熙《窠石平远图轴》

清·袁耀《扬州四景图册》

对务实主义的追求体现在其思想上，创作者把自己对生活的观察感悟进行自我理解后，运用笔墨表现出来。这是一种精神产品，意向化情感诉求的意义要远大于单纯的描摹物象本身，将一切作品还原后，还有精神为之支撑。

清·宫廷画师《绢本彩绘圆明园四十景》

对务实主义的追求体现在其手法上，建筑之初用夯土、砖石、木头构造，建成后抹灰、上漆、加彩。如中国人发明合成木材便是务实精神下缔造的产物，榫卯和楔子的发明也是出于务实主义。装饰上也是如此，建筑能够展现在人们面前的、中心地位的装饰精度往往大于后面的、附属位置的精美度。

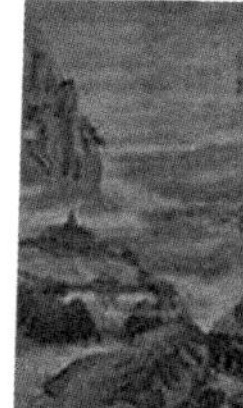
清·袁江《蓬莱仙岛图》

清·袁江《楼阁图》局部

对人文内涵的追求体现在其手法上，作品中常常出现半片的山、残缺的树木等。更加广袤的空间感是由画面上的留白和空白所体现出来的，这是意境的表达方式。

唐·王维《辋川图》

清·袁江《阿房宫图之四》局部

对人文内涵的追求体现在其造型上，在园林的创作过程中吸收了大量山水画中的表达手法。以诗画为参照来打造所描绘的意境，或以建筑作为描述的参照。

对文化包容性的追求体现在其位置经营上，强调对称的轴向和阴阳有序的形态。山水画布局的主次上、山水位置的排列上都体现了现实社会的等级秩序。

传唐・李昭道《洛阳楼阁》　清・袁耀《蓬莱仙境图》

对文化包容性的追求体现在意境上，古代园林家在设计园林时追求“虽由人作，宛若天开”之感，将人工美与自然美完美结合。同时，道家强调“以虚为大”的哲学观念。虚为大，实次之。虚在中，而实在四周。

清・画院《十一月月令图》、清・冷枚《避暑山庄图》

对文化包容性的追求体现在意境上，中国画抒情写意，追求空灵之境。绘画摆脱一味的写实，求拟与不拟之间，以意境为主。如王维的《袁安卧雪图》中景色不同时，四季不同存，却共入一画，便是此理。

南宋・赵伯驹《阿阁图》唐・王维《袁安卧雪图》

对文化包容性的追求体现在形制上，典型民居四合院的设计理念分为不同规模，长幼尊卑、等级分明。装饰、陈设也需合乎情理。伦理规矩和秩序成了建筑设计崇尚的理念。

清・袁江《竹苞松茂图之十一》局部

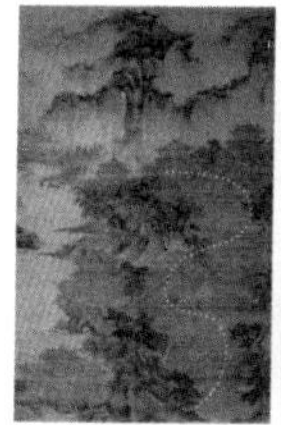

北宋·郭忠恕《明皇避暑宫图》 清·宫廷画师《彩绘绢本圆明园四十景》局部

对文化包容性的追求体现在其细节上，在传统布局规模式上，建筑的方位存在主从关系。自从五行观念与色彩产生了对位关系后，色彩也产生了限制与等级。它与建筑装饰共同发展，如屋檐装饰、瓦当装饰、陈设家具等。

南宋·李嵩《朝回环佩图》

元·佚名《山溪水磨图》

以木为“骨”，像肢体一样，木框架撑起屋顶的重量。先有结构，后自然加设空间。再复杂的绘画也是一笔一划绘制而成，再复杂的建筑也是一横一竖的木结构搭建起来的。

宋·佚名《曲院莲香图》

明·仇英《仙山楼阁图》

轴线的存在是由建筑物的位置关系决定的。用来规划地位与等级，而不是规划道路，追求道路的通达性。所以，主道路遇到大殿并不穿堂而入，而是左右绕之，道路并不是影响中轴的因素。

明·仇英《桃花源图卷》局部

如从“桃花源记”的口入，初极狭，到豁然开朗。这一虚与实的转变给人们带来强烈的心理感受，令其在园林中可以运用正负对比，在小的范围内创造多变丰富的空间。

清·沈宗骞《山水图》

例如太极的形状，一黑一白，互为正负形。体现在建筑中，如宫城，分为外朝和内廷，住宅分为屋檐和院落等。

传唐·李昭道《洛阳楼阁》

对唐代特性的把握体现在其造型上，通过绘画和史料得知，我们随处可见唐代建筑曲线完美恰当、舒展平远的屋顶，配有精美的悬鱼、收山很深的歇山顶，用不同颜色的瓦件“剪边”的屋脊，硕大的斗栱，朴实无华的门窗、深远的出檐，素雅明快的外墙粉饰等。

传唐·李思训《江帆楼阁图》

对唐代特性的把握体现在其手法上，唐代书画家李思训绘制的《江帆楼阁图》，用墨线描绘了山石的轮廓，姿态葱郁的树木，还刻画了精美整齐的屋宇，反映了唐代屋顶的风格形式。

宋·何荃《草堂客话图》

宋·马远《荷塘按乐图》

对宋代特性的把握体现在其风格上，宋代风格与前朝最大的不同主要体现在表达的气质上，社会处处透露出清淡高雅的生活气息。

对宋代特性的把握体现在其手法上，如北宋的绘画《金明池夺标图》，描绘的场景是北宋的一个著名别苑。别苑内设有亭台、楼阁、花木、假山等等。整体布局呈方形，四周设有围墙，池中建有仙桥，用来连通岸边和池中的亭子。殿宇一般采用黄色、蓝色、绿色琉璃瓦。线条工整，庄严瑰丽，是宋代风格的典型体现。

北宋·张择端《金明池争标图》局部

对唐代特性的把握体现在其规格上，唐代需要大量兴建建筑，技术进一步提高。木结构为主的建筑类型为了顺应发展需要，不再多样化地随意自由组合，而是逐渐有了规范化的发展。无论是结构体系还是工程做法都得以开始走向规范化，建筑群组因此更加壮丽辉煌，严整有序。

唐·李思训《悬圃春深图》 唐·李思训《京畿瑞雪图纨扇轴》

对宋代特性的把握体现在其手法上，把诗画之美融入园林设计之中，如可从王希孟的《千里江山图》中见到一字形、丁字形、折带形、工字形、十字形等布局，形态各异，充分展现了园林景致。

北宋·王希孟《千里江山图》

对宋代特性的把握体现在其细节上，从绘画《水榭看凫图》中可以看到精致的窗门隔断。从绘画《折槛图》中可清晰辨析其栏杆装饰的精美之深，有彩漆和金属包嵌等。宋代的装饰另一大特色便是彩绘，对于细部装饰的要求程度很深，与唐代建筑的大气相比，尽显精美雅致。

五代·周文矩《水榭看凫图》 南宋·佚名《折槛图》

对唐代特性的把握体现在其形式上，论一个建筑的细部构件，最能体现特色的便是柱子、屋檐和斗栱了。唐代与前朝后代相比较最显著的特征在于其斗栱的硕大上。斗栱和柱子的比例较大，尽显了木结构之美。

唐・卫贤《闸口盘车图》

对宋代特征的把握体现在其细节上，以斗栱为例，与唐代相比明显缩小。宋代的斗栱大约是唐代斗栱大小的二分之一。从《飞阁延风图》中可见斗栱的秀美，斗栱功能上的性能大大缩小，而是强化装饰美观的功能出发。斗栱的缩减使得出檐更加深远舒展。

南宋・王诜《飞阁延风图 》局部　南宋・李嵩《水殿招凉图》

对明代特征的把握体现在其位置经营上，明代社会等级的划分变得尤为显著。由于明王朝为专制的统治，制度约束下的建筑风格也十分僵硬保守。建筑往往通过规模、屋顶形制、饰物、台基、彩绘、色彩等方面来划分阶层等级。

明・宫廷画家《风水建筑》

对明代特征的把握体现在其风格上，明代建筑规模更趋向于组合化发展。木结构更加定型和简化，主要体现在斗栱的缩小，屋檐的减短上。柔和的形制感逐渐消失，而是更加历练简洁，使整体建筑更加细腻精致。

明・安正文《岳阳楼图》明・杜堇《十八学士图屏》

清·焦秉贞《历朝贤后故事图》

对清代特征的把握体现在其手法上，由于中外交流频繁，西洋的传教士传来了好多新的技法和手段，丰富了清代画论著作。焦秉贞在吸收了西洋画法的基础之上，绘画殿台楼阁时更加精工细作。

清·画院《十一月月令图》清·丁观鹏《西园雅集图》

对清代特征的把握体现在其细节上，由于建筑工艺与材料应用在此时不断地发展与前进。例如玻璃工艺的引进与应用、砖石建筑的普及、各种材料以及木构件的创新应用等，所以此时期的园林建筑精美异常。

清·袁耀《九成宫图十二屏》

对清代特征的把握体现其造型上，通过独特新颖的造型以及灵活多变的建筑群组体现了清代建筑群组变化的丰富。

清·焦秉贞《历朝贤后故事图》 清·苏六朋《清平调图》

对清代特征的把握体现在其细节上，清代装修中应用了许多工艺品制造的方法，像景泰蓝、玉石贝壳雕刻、金银物品镶嵌等。这些技巧的应用使建筑物室内的环境更加无与伦比地出彩。

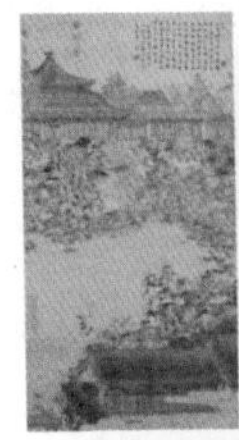

对清代特征的把握体现在其装饰上，建筑上构件的功能性逐渐减退或消失，取而代之的是它的装饰性越来越突出。所以说建筑的装饰功能与实用功能有着紧密的联系，这些在清代建筑中是随处可以体现的。

清·张若霭《画高宗御笔秋花诗》清·丁观鹏《太簇始和图》屋顶

唐·王维《辋川图》

清·袁江《阿房宫图之四》

中国传统建筑看起来是方方正正的，理性的平面布局却并非符合真实的功能需要。模件体系下的建筑呈现出理性的外观，给人带来统一、规整的秩序感，但这仅仅是停留在外观上，呈现出秩序、理性、统一的特征，而这些与真实的理性思考无关，就像模件化的宫殿建筑一样。

南宋·刘松年《四景山水图·秋景》局部

“礼”的思想是中国传统秩序与伦理中最深刻的表现，这种思想突出了伦理的基本特征，即有上下等级以及尊卑贵贱等明确的秩序规范，而且这些规范人伦关系和统治秩序的规定，带有强制性、普遍性的特点，渗透到古代社会生活的各个领域，甚至从一定意义上可以说，“礼”是中国传统文化的核心。

宋·马远《华灯侍宴图》局部

我国古代传统建筑无时无刻都体现着等级思想，主要表现在宫殿建筑的等级、营造物的尺寸与数量以及建筑形式与色彩三方面。

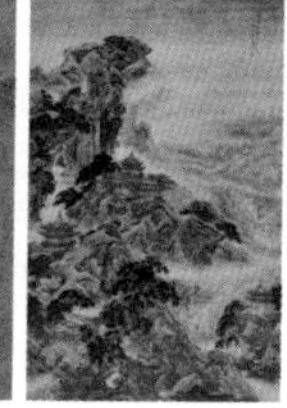

建筑的形式与屋顶的式样、色彩装饰、建筑用材、方位朝向、群体组合等都有着十分确定的等级规范，为了加强皇权的统治，这种程式化的思想常常见于建筑之中，建筑就成了传统礼制的一种特定的载体和象征。

传唐·李昭道《洛阳楼阁》 清·袁耀《蓬莱仙境图》

中国传统建筑的空间其实是非常简单的，正式建筑也经常出现群体组合的形式，特别擅长运用各个院落之间的组合手法去达到一种新的精神目标，单体建筑之间并没有太多功能上的区别。

南宋·刘松年《四景山水图·春景》局部

“礼”作为一种我们通常意义上的人伦秩序规定，其最高价值取向就是巩固与强化整体秩序，其中被严密地包围在群体之中的是单独存在着的个体形式，在最初人们要思索的应该在现有的人伦秩序中安伦尽份并且去维护整体的最大利益，进而产生一个等级分明、尊卑有序，还有不容犯上僭越的社会环境。

明·张宏《华子岗图》局部

中国传统建筑不像西方传统建筑那样，张扬着高耸云端，给平凡的人带来莫名的压迫感，中国传统建筑匍匐在大地上、谦逊地顺应着自然，但这也并没有给人带来多少轻松的感觉，人在偌大的建筑群中，同样感慨于自己的渺小，自己的无能为力。

北宋·张择端《清明上河图》局部

每一座建筑经过最基本元素的排列组合，进而形成了具有一定特定性质的模件，而且在建筑之中的这些模件都是统一化的，它们可以经过大量的复制与生产，并且可以替换，这就好比是建筑中的门与窗等细小的零部件，还有就是宫殿建筑中的斗栱结构都是这样形成的。

北宋·王希孟《千里江山图》局部

通过每种不同的模件，用不同的方式去组合就可以形成单元，建筑之中的每个单元都有不一样的颜色、尺度和模式，但是其中相同类型的单元都是标准化的。

清·画院《十一月月令图》

整体建筑是由许许多多不同的单元组成了一个统一的系统，在建筑中，这就好比由门窗等零部件组合成塔桥与楼台，建筑因为由标准化单元组建而成，因而具有其自身独特的价值与精神内涵。

传宋·佚名《无款》

充分体现中国传统建筑中的开间与斗栱具有相同的模数，当时大量的院落与城市也在建筑的时候按照统一的方式去加大模数，实施整体性的布局研究。

清·画院《十一月月令图》、清·冷枚《避暑山庄图》

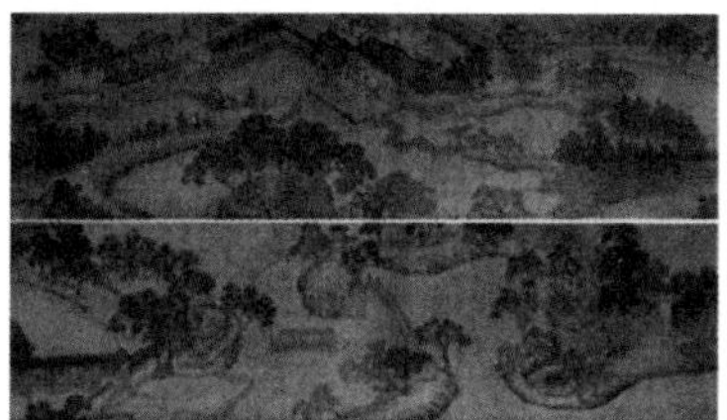

明·米万钟《勺园修禊图》

我国古代建筑中的模件体系有一个十分独特的变化法则，即建筑中的模数并不一定是单一不变的，它可以通过变换的排列与组合形成独特的新的形式，如亭台楼阁、宫殿和庙宇，按照建筑的等级，通过不同的模数与模件的排列与组合，形成具有不同意义的建筑。

南宋·李嵩《水殿招凉图》

在建筑设计中，可以通过这种变化法则，使其存在一定的独特性和实用性，同时还能使建筑与城市在一定的规律性之中体现出不同，而且这样的不同是与模件体系内在的逻辑相互契合的。

宋·何荃《草堂客话图》

宋·马远《荷塘按乐图》

模件化系统的思维创作方式是中国人的思想文化根源，最有代表性的就是宫殿建筑，其每一个梁与柱的结合与每一砖一瓦的应用都在无时无刻地体现着模件化的思想内涵。研究表明，中国模件的艺术生产方式与西方具有很大的区别，但是它们之间有着根本的共同点，就是“模块化思维”。

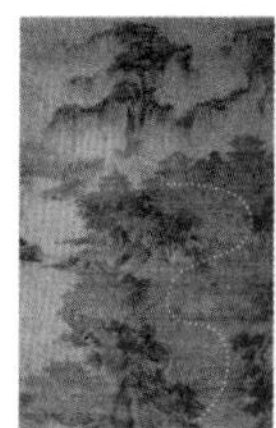

北宋·郭忠恕《明皇避暑宫图》清·宫廷画师《彩绘绢本圆明园四十景》局部

在我国山水画的模件体系中，几乎所有画家对透视规律都有深刻的研究，涉及几何透视、光影透视和空气透视。这不但是古典绘画透视的全部，更是彰显许多画家具有科学精神的内在面，所以说“透视是绘画的缓和舵”。

在中国的古典绘画中，山水画的程式化原则一直都有所保留，这种程式化原则并不是单一的复制与生产，而是在某种大的形式基础之上，作者可以随心所欲地发挥创作，进而形成优秀的绘画作品。

传唐·李昭道《洛阳楼阁》

充分体现我国古代国画的特点——以毛笔、墨、绢纸为主要工具，以线条为其生命，运用散点透视，造型构图，赋物以神。古代绘画还与诗文相辅相成，相得益彰；与印章珠联璧合，对应成趣。

明·仇英《吹箫引凤图》

中国每个时期的社会发展特点都不同，绘画的发展特点也有所不同。绘画艺术逐渐跟传统的工艺结合起来，具有很强的装饰性，这就是人们通常所说的装饰绘画。这种装饰绘画在建筑中的应用颇为广泛，他和建筑发展有着密切关系，起到了互相促进的作用。

明·宫廷画家《风水建筑》

形与势的塑造是山水画的结构程式，中国山水画即使对同一物象的不同表现，其风格也是各不相同。

北宋·王希孟《千里江山图》局部

南宋·赵伯驹《阿阁图》唐·王维《袁安卧雪图》

我国古代的绘画作品对空间的把握有一定规律，空间在绘画作品中有着一定的属性，中国传统的山水画的构图颇为讲究。无论山石树木的结构如何布势，通常采用散点的透视方法来处理空间，注重空间中的藏与露、虚与实、以小寓大和取舍的合理安排，山水画的发展中，对空间的营造已经开始非常的成熟，并且思维方式也十分跳跃。

与西方的绘画相比，中国山水画更加注重结构之中的程式化原则，通过结构的程式化，形成物象结构关系的整体布局。

宋·佚名《深堂琴趣图》

南宋·李嵩《水殿招凉图》

建筑形象的群组关系与环境的融合关系在整体的画面中都有着充分地体现，山水画在结合原来所存在的物象的基础上，运用内在的独特的程式语言，使造型既应物象形，又超以象外。

宋·李唐《文姬归汉图》第十八拍

皴法程式原则一直有所保留，这种程式化原则并不是单一的复制与生产，而是在某种大的形式的基础之上，作者可以随心所欲地发挥创作。这样的话，一方面可以完美地体现出山石的凹凸纹理构造；另一方面，画家还可以对点、线、面的排列组合形成高度概括，以及简约而不简单的肌理之美。

2011年度鲁迅美术学院院级科研课题《从中国传统绘画中解译建筑空间语境构成》
课题编号2011lmzs01

图书在版编目（CIP）数据

传统山水画中的古代建筑形态研究 / 席田鹿著．--
北京：中国建筑工业出版社，2018.12
ISBN 978-7-112-23104-1

Ⅰ．①传… Ⅱ．①席… Ⅲ．①古建筑－建筑形态－研究－中国②山水画－绘画研究－中国－古代 Ⅳ．①TU-092.2 ②J212.26

中国版本图书馆CIP数据核字(2018)第288704号

责任编辑：徐明怡 徐 纺
责任校对：王 烨

传统山水画中的古代建筑形态研究

席田鹿 著

*

中国建筑工业出版社出版、发行（北京海淀三里河路9号）
各地新华书店、建筑书店经销
天津图文方嘉印刷有限公司印刷

*

开本：880×1230毫米 1/32 印张：8⅞ 字数：262千字
2019年5月第一版 2019年5月第一次印刷
定价：68.00元
ISBN 978-7-112-23104-1
(33178)